メディア学大系
9

ミュージックメディア

大山　昌彦
伊藤謙一郎
吉岡　英樹

共著
▼

コロナ社

メディア学大系 編集委員会

監 修

相川 清明（東京工科大学，工学博士）
飯田 仁（東京工科大学，博士（工学））

編集委員

稲葉 竹俊（東京工科大学）
榎本 美香（東京工科大学，博士（学術））
太田 高志（東京工科大学，博士（工学））
大山 昌彦（東京工科大学）
近藤 邦雄（東京工科大学，工学博士）
榊 俊吾（東京工科大学，博士（社会情報学））
進藤 美希（東京工科大学，博士（経営管理））
寺澤 卓也（東京工科大学，博士（工学））
三上 浩司（東京工科大学，博士（政策・メディア））

（五十音順，2013年1月現在）

『ミュージックメディア(メディア字体系)』正誤表

頁	行・図・式	誤	正
171	楽譜 7.16(f)	(f)【作例6】	(f)【作例6】
172	楽譜 7.17(f)	(f)【作例6】	(f)【作例6】
180	楽譜 7.24(b)	(第8小節の第3拍の音) H音	C音

最新の正誤表がコロナ社ホームページにある場合がございます。
下記URLにアクセスして[キーワード検索]に書名を入力して下さい。
http://www.coronasha.co.jp

①

「メディア学大系」刊行に寄せて

　ラテン語の"メディア（中間・仲立ち）"という言葉は，16世紀後期の社会で使われ始め，20世紀前期には人間のコミュニケーションを助ける新聞・雑誌・ラジオ・テレビが代表する"マスメディア"を意味するようになった。また，20世紀後期の情報通信技術の著しい発展によってメディアは社会変革の原動力に不可欠な存在までに押し上げられた。著名なメディア論者マーシャル・マクルーハンは彼の著書『メディア論──人間の拡張の諸相』（栗原・河本　訳，みすず書房，1987年）のなかで，"メディアは人間の外部環境のすべてで，人間拡張の技術であり，われわれのすみからすみまで変えてしまう。人類の歴史はメディアの交替の歴史ともいえ，メディアの作用に関する知識なしには，社会と文化の変動を理解することはできない"と示唆している。

　このように未来社会におけるメディアの発展とその重要な役割は多くの学者が指摘するところであるが，大学教育の対象としての「メディア学」の体系化は進んでいない。東京工科大学は理工系の大学であるが，その特色を活かしてメディア学の一端を学部レベルで教育・研究する学部を創設することを検討し，1999年4月世に先駆けて「メディア学部」を開設した。ここでいう，メディアとは「人間の意思や感情の創出・表現・認識・知覚・理解・記憶・伝達・利用といった人間の知的コミュニケーションの基本的な機能を支援し，助長する媒体あるいは手段」と広義にとらえている。このような多様かつ進化する高度な学術対象を取り扱うためには，従来の個別学問だけで対応することは困難で，諸学問横断的なアプローチが必須と考え，学部内に専門的な科目群（コア）を設けた。その一つ目はメディアの高度な機能と未来のメディアを開拓するための工学的な領域「メディア技術コア」，二つ目は意思・感情の豊かな表現力と秘められた発想力の発掘を目指す芸術学的な領域「メディア表現コ

ア」，三つ目は新しい社会メディアシステムの開発ならびに健全で快適な社会の創造に寄与する人文社会学的な領域「メディア環境コア」である。

　「文・理・芸」融合のメディア学部は創立から 13 年の間，メディア学の体系化に試行錯誤の連続であったが，その経験を通して，メディア学は 21 世紀の学術・産業・社会・生活のあらゆる面に計り知れない大きなインパクトを与え，学問分野でも重要な位置を占めることを知った。また，メディアに関する学術的な基礎を確立する見通しもつき，歴年の願いであった「メディア学大系」の教科書シリーズを刊行することになった。この「メディア学大系」の教科書シリーズは，特にメディア技術・メディア芸術・メディア環境に興味をもつ学生には基礎的な教科書になり，メディアエキスパートを志す諸氏には本格的なメディア学への橋渡しの役割を果たすと確信している。この教科書シリーズを通して「メディア学」という新しい学問の台頭を感じとっていただければ幸いである。

　2013 年 1 月

東京工科大学
メディア学部　初代学部長
前学長
相磯秀夫

「メディア学大系」の使い方

　メディア学という新しい学問領域は文系・理系の範ちゅうを超えた諸学問を横断して社会活動全体にわたる。その全体像を学部学生に理解してもらうために，大きく4領域に分け，領域ごとに分冊を設け，メディア学の全貌を巻単位で説明するのが「メディア学大系」刊行の趣旨である。各領域の該当書目をつぎに示す。

領　　域	該当書目
コンテンツ創作領域	第2巻　『CGとゲームの技術』 第3巻　『コンテンツクリエーション』
インタラクティブメディア領域	第4巻　『マルチモーダルインタラクション』 第5巻　『人とコンピュータの関わり』
ソーシャルメディアサービス領域	第6巻　『教育メディア』 第7巻　『コミュニティメディア』
メディアビジネス領域	第8巻　『ICTビジネス』 第9巻　『ミュージックメディア』

(2013年2月現在)

　第1巻『メディア学入門』において，メディアの全体像，メディア学の学びの対象，そしてメディア学4領域について理解したうえで，興味がある領域について関連する分冊を使って深く学習することをお勧めする。これらの領域は，メディアのコンテンツからサービスに至るまでのつながりを縦軸に，そして情報の再現性から一過性に及ぶ特性を横軸として特徴付けられる四つの領域に相当する。このように，メディア学の対象領域は平面上に四つの領域に展開し，相互に連続的につながりを持っている。また，学習効果を上げるために，第10巻『メディアICT』を活用し，メディア学を支える基礎技術から周辺関連技術までの知識とスキルを習得することをお勧めする。各巻の構成内容および分量は，半期2単位，15週，90分授業を想定し，各章に演習問題を設置し

て自主学習の支援をするとともに，問題によっては参考文献を適切に提示し，十分な理解ができるようにしている。

　メディアに関わる話題や分野を理解するための基本としては，その話題分野の特性を反映したモデル化（展開モデル）を行い，各話題分野の展開モデルについて基本モデルに照らしてその特性，特異性を理解することである。メディア学の全体像を理解してもらうために，基本モデルと展開モデルとの対比を忘れずに各分冊の学習を進めていただきたい。

　今後は，さまざまな形でメディアが社会によりいっそう浸透していくことになる。そして，人々がより豊かな社会サービスを享受することになるであろう。モバイル情報機器の急速な進展と相まって，これからのメディアの展開を見通して，新たなサービスの創造に取り組んでいくとき，基本モデルをバックボーンとするメディアの理解は欠かせない。「メディア学大系」での学習を通して，メディアの根幹を理解してもらうことを期待する。

　本シリーズ編集の基本方針として，進展目覚ましいメディア環境の最新状況をとらえたうえで，基礎知識から社会への適用・応用までをしっかりと押さえることとした。そのため，各分冊の執筆にあたり，実践的な演習授業の経験が豊富で最新の展開を把握している第一線の執筆者を選び，執筆をお願いした。

　2013年1月

飯田　仁
相川清明

まえがき

　古今東西「音楽」のない社会はないといわれる。それは音楽が人間にとって不可欠な文化の一部をなしていることを示している。そして現在の生活を振り返えれば，テレビ放送やYouTube[†]の視聴，CDや音楽ファイルの聴取，街頭や施設でのBGM，そしてカラオケ，楽器の演奏やパソコンを使った楽曲制作など，音楽しない日はないといえるだろう。

　本巻『ミュージック・メディア』では，普遍的でかつ日常に満ちあふれた音楽に対する理解をより深めてもらうことを目指している。そのための切り口としたのは「メディア」(media)である。メディアとは日本語でいえば「媒体」，つまり何らかの「人工物」を意味する。メディアという人工物を切り口にしてわれわれの音楽体験を考えると，音楽もまた，伝えたいメッセージを音楽的に表現し，それが伝えられるという，普遍的な人間のコミュニケーションの一形態と見なすことができる。その図式を示せば，「伝える人」－「音楽のメディア」－「伝えられる人」となるだろう。人工物としての音楽のメディアは，音楽的なメッセージが込められた「入れ物」である。

　本巻では，音楽のコミュニケーションをより吟味すれば，さらに二つの側面が見えてくる。一つは音楽的なメッセージがどのように伝えられていくのか，という側面である。伝えられる人としての体験の多くは人工物としての「音楽メディア」に多くを依存している。そのため音楽メディアの発展に伴う音楽のコミュニケーションにおける変化を見ていく必要があるだろう。もう一つは伝える人が音楽メディアにどのように音楽的なメッセージを作り込んでいくかという側面である。端的にいえば，「音」を使って人を「楽しませる」伝える人

[†] 本書で使用している会社名，製品名は，一般に各社の商標または登録商標です。本書では®と™は明記していません。

側の「技術」である。この技術も入れ物としての音楽メディアに左右されるのである。

　以上を踏まえ，本巻の内容は大きく分けて二つのパートから構成されている。1章から4章までは，おもに人工物としての音楽メディアの技術的変遷と音楽コミュニケーションの変化に焦点を当てる内容である。1, 2章では，楽譜から，音楽ファイルまでを取り上げ，その質的な変化を検討する。3章では，今日の音楽文化の中核であり続ける日本の音楽産業の現状を，その産業構造と制度，そしてテクノロジーの変化を踏まえて概観する。4章では，音の物理的特性とそれが人の耳に届けられる基本的なプロセスを解説する。

　5章から8章までは，普遍化した音楽である西洋音楽を事例に音楽メディアで表現される，音の組織化，つまり音楽を組み立てる技術と思想に関する内容となっている。5章では，音を音楽にするための，音高の秩序のある規則性や構成原理の歴史を解説する。6章以下では「音楽の三要素」をそれぞれ解説していく。6章では，「リズム」の組織化の原理を人間の内面で心理的に生起する拍子感との関係から，7章では，「メロディ（メロディー）」をその形式や展開に着目することから，8章では，西洋音楽で高度に発展した「ハーモニー」から，音楽の構成技法の根本的な思想と理論を解説していく。

　本書は，1, 2章を大山が，3章を吉岡が，4〜8章を伊藤が担当して執筆した。なお，演習問題の解答は本書の書籍詳細ページ（http://www.coronasha.co.jp/np/isbn/978433902789/）に掲載している。

　2016年7月

大山　昌彦
伊藤謙一郎
吉岡　英樹

目次

1章 音楽文化と楽譜

- 1.1 メディアと音楽文化 ——— 2
- 1.2 記譜法の発達 ——— 4
- 1.3 音楽の商業化と芸術化の進展 ——— 10
  - 1.3.1 音楽の商業化とイデオロギーとしての芸術化 ——— 10
  - 1.3.2 音楽作品の重要性とアーティストの神格化 ——— 12
- 1.4 音楽メディアの作品化と音楽著作権 ——— 16
  - 1.4.1 音楽著作権の誕生 ——— 16
  - 1.4.2 コピーライトとオーサーズライト ——— 19
- 1.5 世界音楽経済システムの誕生 ——— 23
- 演習問題 ——— 24

2章 音楽文化と音響技術

- 2.1 技術の社会的配分と世界音楽経済システムの強化 ——— 26
  - 2.1.1 録音・再生・複製技術の社会的受容と再配分 ——— 26
  - 2.1.2 音楽制作とテクノロジー ——— 30
- 2.2 レコード作品における同一性の解体 ——— 39
  - 2.2.1 DJイングの意義 ——— 39
  - 2.2.2 ラップの商業化と世界音楽経済システムとのコンフリクト ——— 42
  - 2.2.3 マルチモーダル化する音楽 ——— 46
- 2.3 ディジタル化と世界音楽経済システムの動揺 ——— 48
  - 2.3.1 ディジタル化による世界音楽経済システムの動揺 ——— 48
  - 2.3.2 アーカイブとしてのインターネットと創作活動の活発化 ——— 52
  - 2.3.3 世界音楽経済システムの危機? ——— 56
  - 2.3.4 ソーシャル化する音楽 ——— 58
- 2.4 音楽メディアと音楽文化のこれから ——— 59
- 演習問題 ——— 60

3章 音楽産業とメディア

- 3.1 レコード産業に関わる人々 —— 62
  - 3.1.1 音楽を作る人 —— 63
  - 3.1.2 音楽を売る人 —— 65
  - 3.1.3 音楽で儲かる人 —— 67
  - 3.1.4 メジャー以外の音楽活動 —— 68
- 3.2 日本における音楽著作権管理 —— 69
  - 3.2.1 著作権管理事業とは —— 70
  - 3.2.2 著作権使用料の分配方法 —— 71
  - 3.2.3 著作隣接権の管理 —— 73
- 3.3 レコード産業とオーディオ産業 —— 74
  - 3.3.1 LPレコードの登場とオーディオ産業の始まり —— 75
  - 3.3.2 CD発売とディジタル化が音楽産業に与えた影響 —— 76
  - 3.3.3 音楽ソフトの生産金額推移 —— 78
- 3.4 電子楽器の変遷と音楽産業への影響 —— 80
  - 3.4.1 モジュラー・シンセサイザーの登場と普及 —— 80
  - 3.4.2 シンセサイザーのディジタル化 —— 82
- 3.5 音楽制作環境の変化 —— 84
  - 3.5.1 マルチトラックレコーディング —— 85
  - 3.5.2 MTRを活用したライブパフォーマンス —— 86
  - 3.5.3 ディジタル録音の時代 —— 87
  - 3.5.4 コンピュータによる音楽制作 —— 88
- 3.6 音楽産業とメディア —— 89
  - 3.6.1 メディアの変遷と音楽産業 —— 89
  - 3.6.2 インターネットの普及と音楽産業への影響 —— 91
- 演習問題 —— 94

4章 音

- 4.1 音の伝播 —— 96
- 4.2 波形の表示 —— 97
- 4.3 音の分類 —— 98
- 4.4 音の属性と波形による表示 —— 99
- 4.5 倍音 —— 100
- 4.6 複合音と倍音構成 —— 101
- 演習問題 —— 103

5章 楽音の組織化

- 5.1 音　　　　律 — 105
- 5.2 ピュタゴラス音律 — 105
- 5.3 純　正　律 — 107
- 5.4 中 全 音 律 — 109
- 5.5 平　均　律 — 110
  - 5.5.1 長所と短所 — 110
  - 5.5.2 普及の背景 — 112
- 5.6 音　　　階 — 113
  - 5.6.1 長音階の構成 — 117
  - 5.6.2 短音階の構成 — 119
- 5.7 旋　　　法 — 123
- 演習問題 — 129

6章 拍子・リズム

- 6.1 パルスと拍 — 132
- 6.2 拍子と拍節 — 133
  - 6.2.1 定義と特徴 — 133
  - 6.2.2 エネルギーの周期変化としての拍子 — 137
- 6.3 リ　ズ　ム — 139
  - 6.3.1 リズムの形成 — 139
  - 6.3.2 「拍節的リズム」と「自由リズム」 — 140
- 6.4 拍節から逸脱するリズム — 143
  - 6.4.1 シンコペーション — 143
  - 6.4.2 拍節との関係性によるシンコペーションの生成と消失 — 145
  - 6.4.3 シンコペーションとテンポ — 148
  - 6.4.4 そのほかのシンコペーション — 152
  - 6.4.5 ヘ ミ オ ラ — 154
- 6.5 複数のリズムの位相変化によって生じる現象 — 155
- 演習問題 — 157

7章 メロディ

- 7.1 メロディが内包する要素 — 159
- 7.2 音の進行 — 160

7.2.1　反復と変化 ———————————————————— 160
　　7.2.2　音高線におけるコントラスト ————————————— 164
7.3　動機（モティーフ） ——————————————————— 166
　　7.3.1　動機と部分動機 ——————————————————— 167
　　7.3.2　動機の構成 ————————————————————— 167
　　7.3.3　動機の諸形態 ———————————————————— 170
7.4　楽　　　節 ——————————————————————— 173
　　7.4.1　小　楽　節 ————————————————————— 173
　　7.4.2　小楽節の諸形態と作例 ———————————————— 174
　　7.4.3　大　楽　節 ————————————————————— 177
　　7.4.4　大楽節の諸形態と作例 ———————————————— 177
　　7.4.5　実作品に見る大楽節の諸形態 ————————————— 181
　　7.4.6　大楽節の実際的な形態 ———————————————— 187
　　7.4.7　大楽節と楽曲形式 —————————————————— 189
7.5　メロディの展開 ————————————————————— 191
　　7.5.1　フレーズの変形 ——————————————————— 191
　　7.5.2　クライマックスの形成 ———————————————— 195
演　習　問　題 ——————————————————————— 198

8章　ハーモニー

8.1　和音と和声 ——————————————————————— 200
8.2　和音の構成と和音表記法 ————————————————— 201
　　8.2.1　三和音の基本形とその構成 —————————————— 201
　　8.2.2　三和音の転回形 ——————————————————— 203
　　8.2.3　三和音の表記法 ——————————————————— 203
　　8.2.4　七の和音の構成と表記法 ——————————————— 205
8.3　和音の機能 ——————————————————————— 206
　　8.3.1　和音と調の関係性 —————————————————— 206
　　8.3.2　主要三和音における機能とカデンツ —————————— 208
　　8.3.3　各和音の機能と終止 ————————————————— 210
8.4　メロディとハーモニーの関係 ——————————————— 213
　　8.4.1　和声音と非和声音 —————————————————— 213
　　8.4.2　非和声音の種類 ——————————————————— 213
演　習　問　題 ——————————————————————— 216

引用・参考文献 ——————————————————————— 217
索　　　引 ————————————————————————— 223

1章 音楽文化と楽譜

◆ 本章のテーマ

　私たちの生活には音楽があふれている。われわれの音楽に満ちた生活をかえりみるに，われわれに音楽を伝えるのは，いわゆる演奏などサウンドが生まれる場とは，時間空間上離れた直接的ではない，間接的な手段，つまりメディアである。それは音楽が物質化，つまり「モノ化」されていることを意味する。

　モノ化された音楽は，いわば「伝言ゲーム」のようなメッセージの変化を不可避的に伴う口頭によるコミュニケーションと異なり，「同一性」を保持しながら媒介される。また音楽を伝えるメディアがどのような（技術的）特徴を持っているかで，コミュニケーションの形態が左右されることになる。この章では，西洋を例に，最初の音楽メディアといえる楽譜の変遷をたどりながら音楽文化の変化について考える。

◆ 本章の構成・キーワード

1.1 メディアと音楽文化
　　音楽のモノ化，音楽の個人所有，記述的楽譜，規範的楽譜
1.2 記譜法の発達
　　多声化，定量記譜法，作曲家，人格化
1.3 音楽の商業化と芸術化の進展
　　近代社会，資本主義経済，美，芸術，演奏，作品，複製
1.4 音楽メディアの作品化と音楽著作権
　　著作権，二次利用，コピーライト，オーサーズライト，オリジナリティ，世界音楽経済システム
1.5 世界音楽経済システムの誕生
　　世界音楽経済システム

◆ 本章で学べること

☞ 音楽を事例としたメディアの発展に伴う文化の変化
☞ 文化にまつわる諸制度の背景となる考え方の成り立ち

1.1 メディアと音楽文化

私たちが知っている音楽は，たぶん太古の人々のそれとは大きく異なるであろう。それは音楽が，宗教的儀式，労働や余興といった社会的活動に埋め込まれていて，そうした活動と不可分のものであったからである。その意味で音楽は，今日のように独立したものではなかったといえるだろう。

音楽がそうした社会的文脈から切り離されて，独立した表現形態となったその背景にあるのはサウンドのモノ化，メディア化である。つまり，その場限りで消滅してしまうサウンドが，さまざまな試行錯誤を経てメディアに記録されるのである。音楽のメディアとして最も古いもの，それは楽譜であることは疑いないであろう。楽譜はいうまでもなく，サウンドを記号化した表現であるが，その記譜法は世界各地に多様なものが存在する。以下では特に現在の標準的なスタイルとなった西洋の楽譜における記譜法の発展に伴う音楽文化の変化を概観することにしよう。

ここで注目する西洋音楽における音楽の楽譜化には，二つのポイントが存在する。

・音楽のモノ化

一つ目は先述したとおり，メディアを通じた音楽のモノ化である。音楽は，メディアが介在しなければ，人から人へと，口と耳による口頭伝承によって媒介される。その場合，伝言ゲームを思い浮かべればわかりやすいが，内容の変化が不可避的となる。メディアによってモノ化されることで，音楽は内容の同一性を保ちながら，脱文脈化，つまり時間や空間の制約を超えて伝わることが可能になる。

・音楽の個人所有

二つ目は，音楽のモノ化によって，音楽の個人所有が進んだことである。そもそも社会に埋め込まれていた音楽は，共同体の「パブリックドメイン」（公有物）であった。例えば，日本の民謡である「ソーラン節（玄如節）」や「会津磐梯山」を考えてみよう。さまざまな資料を調べてみると，ある意味，作者

は申し訳なさそうに、「北海道民謡」、「福島県民謡」とクレジットされていることがわかるだろう。このように音楽は、本来生まれた社会の中で、直接的な方法で伝えられる中で（そして時と場所に限定され、演奏が終われば消えてしまうもの）、その社会で共有されてきたことから、作者という存在は存在しなかったのである。

一方、モノ化された音楽は、個人の所有物となるための条件を持っている。簡単にいえば、楽譜の紙面に自分の名前を作者としてクレジットすることである。そうした行為には、個人そしてその存在に付随する所有という観念が発達した、西洋のある種特殊な歴史文化的事情が関わっている。

さらに音楽のモノ化による個人所有は、音楽が社会に広く商品として流通するようになると、個人の権利として社会的な合意としてのルールとして明文化されていくことになる。それが**（音楽）著作権**の誕生である。そのルールの中で作者は、自分が生み出した音楽の所有者として位置づけられ、自分の作品の第三者による利用に対して、強いコントロールを発揮することが可能となるのである。

以下では、西洋における楽譜の変遷から音楽文化の変化を、著作権が確立した19世紀まで見ていく。楽譜とは、『岩波国語辞典』によれば「歌曲や楽曲を一定の記号で書きしるしたもの」と定義される。それは三次元的に存在するサウンドを、何らかの記号によって二次元に変換し視覚化するものといえる。そのため楽譜はサウンドの断片的な情報しか記録することができない。一般に音楽を構成するサウンド（楽音）は、音高、音価、強弱、音色の四つの要素から成り立つといわれる。楽譜で表現できるのは、音高、音価、強弱の三つの要素である。楽譜の発展は、そうした要素が累加されている過程として理解することができる。

要素が累加されていく背景には、楽譜が作成される目的が変化したことを意味している。その理解の補助線として有効なのは、チャールズ・シーガーによる有名な記述的楽譜と規範的楽譜の分類である。シーガーによれば記述的楽譜

とは，既存の音楽を記号によって記録したものを指し，規範的楽譜とは，新しく音楽を生み出すための指示を記号で表現した演奏の青写真を指す[1]†。楽譜の歴史は，時代を経るにしたがって起きる楽譜の役割の変化である。当初は，記述的な性格（後に音楽を残す，広める）から，規範的な性格（演奏の指示を行う）へと変化していったのである。また規範的な性格の前景化は，多声化（ポリフォニー，つまり「ハモり」）に代表されるサウンドの複雑化によるものと理解できるだろう。複雑なサウンドを実現するためには，不可避的に楽譜に記述される内容（指示）が多岐にわたるようになり厳密化されていくのである。

1.2　記譜法の発達

　楽譜という新しい記号の体系をゼロから生み出すには，膨大な知の集積が必要となってくる。そのため西洋音楽の歴史の中で重要な役割を果たしたのは，宗教の世界であった。西洋において教会は中世まで，政治や文化を含め西洋のすべてをコントロールする権力として君臨してきた。神の啓示，すなわち聖書の世界観が中世の西洋のすべてを支配していたといっても過言ではない。その下で西洋の知は発展することとなった。楽譜もそうした知が集積する宗教の環境の中で生み出されてきたのであった[2]。

　ミサにおける祈祷では，聖書が朗読され聖歌が歌われたが，厳密にいえば今日の音楽とは捉え方が異なっている。つまり，祈ることは歌うことであるというものである。共同の祈りに，しかもリズムに乗せ，節回しを入れると神は敏感である，と信じられていた。そのため宗教的な儀礼に埋め込まれていた「音楽」は，今日の捉え方とは大きく異なっていたといえるだろう。

　今日まで連続する西洋の楽譜の歴史において，その起源となるのは，中世期に登場した**ネウマ譜**である。「ネウマ」とは，音の上下運動を示すギリシャ語に由来する言葉である。ネウマ譜誕生の背景には，6世紀の終わりに登場し

---

†　肩付き数字は，巻末の文献番号です。

た，西方ローマ教会のローマ式典礼（式典）で用いられてきた聖歌の総称である単旋律（モノフォニー）の「グレゴリオ聖歌」の記録がはじまったことであったといわれる。多大な労力を要する楽譜付きの聖歌集の写本は，文化の中心的拠点であった教会で行われたのである[3]。

聖歌が記録されるようになったことは，聖歌が口頭伝承から楽譜による伝承へ変化していったことを意味する。当初は聖歌の歌詞のみを記述していたが，9世紀頃になると，各有力な教会でローカルな形式で，旋律の上下運動やニュアンスを並記するようになった。とはいえネウマ譜は，現在の楽譜と異なりサウンドの覚書としての領域を越えるものではなかったが，正確に音楽的な要素を残そうとする記述的な要素が強かったことは覚えておくべきことであろう[4]。

以下ではネウマ譜の発展を概観してみよう。まず登場したのは「譜線なしネウマ譜」である。譜線なしネウマ譜では基本的には歌詞が書かれた上に，音の上がる，下がる，延ばす，止めるといった旋律の動きを示す身振り（カイロノミー）や句読点，アクセントを示す記号が示されている（図1.1参照）。記録した「譜線なしネウマ譜」では，あくまでも前の音と比べて音程が上下する記号がつけられていることから旋律の輪郭をつかむことができるが，音高を明確に表現するものではなかった。

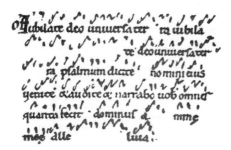

図1.1　譜線なしネウマ譜の例
　　　　（グレゴリオ聖歌）[5]

旋律部の音高の表現が明確に示されるようになったのは，10世紀頃に登場した「譜線つきネウマ譜」であった。譜線つきネウマ譜は，ネウマに横線（譜線）をそえて，音程の関係を明確にするための試行錯誤の結果誕生した。当初の譜線は2線，基準となったヘ音（F：ファ）付近に赤色，とハ音付近に（C：

ド）の音に緑色（または黄色）で記された。また色分けは手間がかかるため先頭にＦとＣの文字を入れることもあった。この記譜法が記号化され，現在のヘ音記号，ハ音記号になったといわれている。その後，譜線の数がしだいに増加する形で発展した。13世紀になると４線，５線，６線のものが登場するようになり，しだいに音高をより明確に表現するようになった。

ネウマ譜が今日の楽譜の起源とされる以上に重要なのは，ネウマ譜ではスタイルは異なるものの，ミサの中の音楽的な要素が，通常の言語とは異なる方法で表現されたことである。これはミサのサウンドが言語的要素と音楽的要素とに切り分けられただけでなく，その音楽的要素を表現するための特殊な記号が採用された。それは音楽的なサウンドが言語とは異なる独立した存在として理解される契機となったといえるかもしれない。

サウンドの視覚化の試みとしての記譜法は，音楽的サウンド自体の変化とともに発展していくことになる。その契機となったのは，教会音楽が単声から多声へと展開していったことである。9世紀頃には多声での斉唱が教会で即興的に行われるようになった。後に**オルガヌム**と呼ばれた多声の即興的な斉唱は，完全四度（ハ長調の場合ドに対してファ）または完全五度（ドに対してソ）で歌われる比較的単純なものであった。オルガヌムはかなりの期間記譜されないまま口頭（耳と口）によってヨーロッパ各地に広まっていった。さらに教会の枠を超えて宗教以外の音楽でも多声が登場するようになり，12世紀になるとヨーロッパではしだいに多声で歌われることが一般化していく。

多声化の発展は教会の建築様式の変化と大きく関わっている。それは，1163年に建築が開始されたノートルダム大聖堂（**図 1.2**）に代表されるゴシック様式の誕生である。ゴシック様式では，しばしば針葉樹に例えられるように，神へと近づくために天へ向かうため高く巨大なステンドグラスに装飾された豪華な聖堂が建築された。高さを確保するために教会の下の部分は広大な空間となっていった。その結果，教会の空間は残響（リバーブ）時間が長くなり，ゆったりとしたハーモニーの響きの効果を強く感じ取ることができるようになる。そして石材で構築された建材の特性が，音を吸収しない素材であるため残

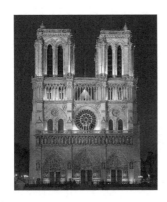

図 1.2 ゴシック様式建築の例
（パリ・ノートルダム大聖堂）[6]

響時間がより長くなった。こうした建築上の要因が，異なった旋律（メロディ）の響きの美しさを重視する契機を生み出したのである[2]。

多声化の発展は，その表現を適切に行うための記譜法の発展を促すことになる。多声で歌うということは，異なる各声部が旋律の時間的流れに従って，ハーモニー，つまり美しい響きとなるように構成されなければならない。そこで楽譜に必要となる要素は，音高に加え，その明確な長さ，つまり音価の表現である。12世紀末頃始まった音価を楽譜で表現する試みの代表は**モード記譜法**である。モード記譜法はいくつかの音のグループのリズムのモード（モドゥス），つまりリズムのパタン，まとまりを表現したものである。例えばその代表であるフランスのノートルダム学派の場合，六つのモードが提示されていた（**表 1.1**）。

表 1.1 モード・リズムの 6 種類

モード	リズム	パタン
第1モード	♩ ♪	トロカイ（エ）オス
第2モード	♪ ♩	イアンボス（ヤンブス）
第3モード	♩. ♪♩	ダクテュロス（ティルス）
第4モード	♪♪ ♩.	アナパイストス
第5モード	♩. ♩.	スポンテイオス
第6モード	♪♪♪	トリプラキュス

以降,音価をいかに厳密で,なおかつわかりやすく表示できるかを巡って記譜法は発展していった。そこで13世紀後半に誕生したのが**定量記譜法**(計量記譜法)である。定量記譜法とは音符一つひとつを記号で区別し,それぞれに決まった音価を与えるものである。さらに重要なのは,記号で表現される音価が単純かつ明確な比例関係のもとに定められることである。

代表的な定量記譜法である1322年に書かれた『アルス・ノヴァ』(新技法)の場合を見てみよう(図1.3)。ブレヴィスを拍の基準音符として,3段階(セミブレヴィス,ミニマ)に分けて音符の比例関係をもとにして,分割されている。分割法は3分割と2分割が存在している。当時の主要な分割法は,三位一体(父としての神,子としてのイエス・キリスト,そして精霊は一つの神が三つの姿を伴って現れたものという考え方)に代表される,キリスト教における3という数字の聖なる意味である「完全性」という認識に基づいていた。その一方でより不完全とは理解されていたが,2分割の手法も採用されたことは後世の記譜法に大きな影響を与えた。教会から強く非難されることとなったこの2分割法は,神の秩序が支配してきた西洋の音楽が,人間の合理的な思想(3よりも2の方が比率が単純で明確)に基づくものへと変化した瞬間として重要な契機であった[7]。この2分割法は,全音符の半分が二分音符というように,今日の記譜法へと受け継がれている[4]。

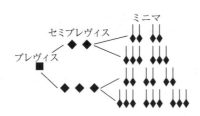

図1.3 定量記譜法における音価分割の例[2]

多声化への発展は,楽譜の性格を記述的なものからより規範的なものへと変化させていく契機となった。いうまでもないが,多声化はサウンドが複雑になることを意味する。複雑でよりよいハーモニーを生み出すためには,演奏の場で即興的に組み立てるだけでは不十分になってくる。そのため音楽の場から離れた机上で,前もってサウンドのアイデアを練りアレンジしていくいわば「仕

込み」としての新たな作業が必要となる。そしてそのアイデアを人に伝える必要も出てくる。その結果，楽譜は一層規範的な性格を強めるとともに，音楽家は音楽理論を習得した専門家として，その場の演奏よりも，長い時間机に向かって楽曲のアイデアを組み立てる作業の比重が高まっていくことになった。そして規範的な性格が前景化した楽譜は，音楽を伝えるための補助手段から実際の楽曲のサウンドを生み出す原型として，大きな意味や価値を与えられるようになった[7]。

さらに13世紀頃から，創造の担い手としての人間の存在を認める機運がヨーロッパに生まれてきたことから，楽譜によって楽曲のサウンドのアイデアを練る個人は，その楽曲の作者となった。それは音楽も万物の創造主としての神によって作られたものという理解に基づき作品に対する人間の匿名性から，特定の個人が作った有名性として理解されるようになったのである。さらに，ルネッサンス期以降となると，こうした傾向はより強まって行くことになる。

ルネッサンス期では，教会の権威や神中心の世界観から人間を解放し，キリスト教普及以前のギリシャやローマ時代の文学，芸術の研究を通じて教養を身につけ，人間の尊厳を確立する古代ギリシャやローマへの憧憬と回帰を訴えた人文主義が勃興した。それはキリスト教の万物の創造主として神という考え方から，再び人間中心への方向性へと舵を切る方向性を打ち出した。それは，創造の主体としての人間の存在をより積極的に承認するようになっていったことを意味する。

このルネッサンス期を経て，音楽はさらに作品と作者を明確に結びつけるかたちで人格化され，いわゆる作曲家が誕生することになる。つまり楽譜上で生み出されたサウンドの設計図，作品に対して作者として個人名の署名によってクレジットされることで，特定の個人が作ったものとして認められるようになったのであった。また，署名をするという行為は職人ではなく自分の個性を表現する存在としてのいわゆる「芸術家」となった瞬間を示している[4]。自己表現を行う芸術家として，綿密に楽譜上で自分のアイデアを練り上げ，作曲を通じて自己の個性を表現することが可能にしたのは，音高と音価の正確な表現

が可能な記譜法の発展によるものであることは覚えておくべきことであろう。

作者と作品概念に対して興味深い考察を行ってきた増田聡は，作品なるものが特に芸術音楽の場合，楽譜に書かれている内容を根拠とした同一性を根拠にしている（同定している）ことを指摘している。また作者をウンベルト・エーコーの議論から，署名，所有関係，帰属関係，言説内での「主体の位置」（聴衆に語りかける存在）の4通りの方法でテクスト（作品）に結びついていることを指摘している[7]。

また13世紀から西洋の音楽文化の中心が，しだいに宗教から世俗へ移っていった。それは，しきたりがいろいろある教会と比べ王侯貴族に仕えた方が，束縛が無く自由に新しいオリジナルの曲を作ることが可能であったからである[4]。とはいっても当時の音楽家は宗教と世俗の両方の世界で音楽活動を行うのが普通であった。特に当時の代表的な作曲家であるギョーム・ド・マショーは，23の宗教曲と120の世俗曲を作曲した。この事実からも，音楽家の活動の場が大きく変化したことが想像できるだろう。

1.3　音楽の商業化と芸術化の進展

市民革命に伴う近代社会の到来は従来の音楽文化に大きな変化をもたらした。それは音楽が市場化されたことである。市場化とは，音楽に接する機会が，貨幣の交換によって解放されたことを意味する。この市場化への変化はおもに二つの要因と関係している。一つは音楽に新たな価値として「芸術」というイデオロギーが強調されたことである。もう一つは音楽作品の私有化と，おもに二次利用に関する法制度である音楽著作権が成立したことである。

身分制度を廃した市民革命により，従来の社会的権威であった，王侯貴族や教会は没落していくこととなった。それは，当然ながら音楽家たちの環境を大きく変化させることとなった。社会的権威に「職人」として雇われていた音楽家たちが，その雇い主を失うことにより，音楽家たちは自己の音楽という専門性によって，自ら収入を得る必要にかられるようになった。

1.3.1 音楽の商業化とイデオロギーとしての芸術化

音楽家たちは，従来のように雇い主という特定の人々に向けて注文された音楽を制作するのとは異なり，身分制のない近代社会という文脈において，不特定多数を対象とした，開かれた市場に向けて音楽を制作することを余儀なくされた。その際，音楽家たちの新しい顧客となったのは，革命の中心的勢力として従来の社会的権威を打倒したブルジョアジーであった。ブルジョアジーは，旧来的な権威は否定したものの，貴族的な生活に対しては強い憧れがあった。そのため，ブルジョアジーは新しい音楽家たちのパトロン（経済的な支援者）となったのであった。

とはいえ，近代社会というまったく新しい状況で商売をするためには，音楽家とその制作物を何か新しい独自の価値を持つ存在として位置づけ，それがまた非常に価値があることを示す必要がある。自己の存在と活動を正当化するイデオロギーとなったのは，この時期大きな変化を遂げた**芸術**という概念であった。

渡辺裕によれば，芸術という概念は18世紀後半から19世紀，つまり市民革命がヨーロッパで起きた時期にかけて大きく変化したという。そこで大きな役割を果たしたのは，哲学者（学者）たちであった。哲学者たちは，芸術の範疇に入る活動（彫刻・絵画・文学・音楽），つまり教会や王侯貴族に雇われている表現活動に携わる職人たちとその創作物の存在意義を，新しい社会の中で主張し，正当化する理論として芸術を再定義したのであった[8]。

近代以前の芸術とは，単に特殊技術の総称に過ぎなかった。芸術，art とはもともとラテン語の ars，さらにさかのぼるとギリシャ語の techne が語源となっている。ギリシャ語のテクネーとは「わざ」（特殊技術）を表す言葉であり，絵を描いたり，音楽を奏でたりすることから靴や衣類を製造する技術や航海術，手品のような娯楽の術まで指した。この語が，art になってもこの考え方は大きく変化をしなかった[9]。

しかし，哲学者たちは，この特殊技術の意味を**美**という日常では味わえない独特な体験を生み出すものに限定した。美の体験の独自性とは，「精神」（知性

的, 理性的: 頭で考える) と「感覚」(身体的: 体で感じる) という背反する二つの領域を調停する中項 (mitte) にあることにある。つまり美の体験とは, 感性的体験であるが, 食べ物を食べる満足感とは異なり, ある種の精神的な性格を持つ一方で, 精神的体験, つまり哲学書を読むというような観念的な体験とは異なり, 直接感性に働きかける性格を持つという[9]。

また, そうした感覚と精神が混ざった特殊な体験としての美は, 渡辺が「多様における統一」という原理にも求められる。多様とは感性に現れる現象の多様性, つまり体で感じる部分を指す。それを統一, つまり精神によって支えられる内的な一貫性を持って, 頭で考える部分を指している。このように美の体験とは, 感性, 感覚的なものを, 何とか精神の作用によってある種の統一を持つものとして一貫した意味を持ち得て認知されたとき, はじめて生じるとされた[8]。

結果, 美は絵画や音楽や彫刻など, それを実現させる技術, つまり芸術によって具現化した特別なものを鑑賞しないとできない, 特殊で貴重な経験となった。それは特殊で非日常的な体験ができる, 大金を払ってでも消費する価値のある商品として「芸術家」たちの制作物, 作品を位置づけることになったのであった。

1.3.2 音楽作品の重要性とアーティストの神格化

近代における芸術概念の変化と, 美という特殊な体験を生み出す制作物の社会的価値の構築は, その制作の主体である作者の社会的立場の変化をもたらした。それは, 旧来の社会的権威の職人から, 美という貴重で非日常的な体験を生み出す, 特殊な技術を持った芸術家として, 世間から距離を置き, 個人の創造性を自由に発揮して創作物 (作品) を作る, 自由な人間とされた。自由な人間とは, 近代社会の基盤となり, 理想的な人間像の基盤であり, 芸術家はその自由を体現する, つまり社会のしがらみから「超越し」, そこから人間の真実を見通し, それを美という体験を生み出す創作ができる人とされたのであった。ルードビッヒ・ヴァン・ベートーベンは, こうした芸術家像をあえて「演

1.3 音楽の商業化と芸術化の進展

じた」数多くの人々の一人であった．市場化に伴う音楽における美のイデオロギーと芸術概念の変化は，演奏会を巡る聴取を軸に展開していった．18世紀後半の演奏会では，従来のスタイルを踏襲した，貴族とブルジョアジーたちとの社交の場という性格が強かったといえる．そこで，演奏される音楽は社交のためのBGMとしての性格が強かった[8]．客はおしゃべりに興じ，あまり演奏に注目していない．

19世紀になると，演奏会が数多く開催されるようになる．料金を払って自分の好みの音楽を聴きに行く，という消費のスタイルが都市のブルジョアジーに普及して行くことになる．演奏会が商業的基盤を得たことは，音楽の市場化の進展として理解できるだろう．これまで音楽家は，「顔の見える」雇い主からの依頼に応じて音楽を制作してきたが，以降は音楽家と不特定多数の聴衆という非個人的な関係に支えられるようになったのであった[8]．また，そうした演奏会における音楽は，従来のような社交の場のBGMではなく，音楽自体を鑑賞の対象＝商品となった．

演奏会が商業的に軌道に乗るということは，当然人を集められる要素のあるもの，人気のあるものの要素が前面に出てくることでもある．つまり大衆化である．その代表的な存在が，「ヴィルトゥオーソ」である．ピアノのフランツ・リストやヴァイオリンのニコロ・パガニーニに代表されるヴィルトゥオーソは，19世紀前半に登場し，到底素人には真似できない，サーカスまがいの超人的な妙技と華麗な「演奏」によって大きな人気を博した．容姿端麗であったフランツ・リストの演奏会は，特に若い女性の熱狂的なファンに囲まれ，今日のアイドルのコンサートを彷彿とさせるものであった．つまり，ヴィルトゥオーソの演奏会は，今日の芸術音楽のそれとは異なり，娯楽的で見世物的な要素が強かった．1840年代，ヴィルトゥオーソを巡る商業主義の利潤の追求が過熱化すると，演奏会の突然の中止，幽霊演奏会の発生（チケットは売ったが演奏会が開催されない）といった問題が発生した．結果として，過剰な商業主義に対する人々の不信感が増大し，ヴィルトゥオーソ人気の凋落をもたらすこととなった[9]．

演奏会が商業的な軌道に乗ったことは，多様な演奏会を生み出すことに繋がった。それはヴィルトゥオーソの演奏会とは異なり，音楽家が演奏する曲にひたすら耳を傾けて聴くものであった。音楽家も，一生懸命に自分の音楽を聴いてくれる不特定多数の聴衆に対して作曲ができる音楽市場も誕生しつつあった[8]。

 この演奏会に参加する音楽家と聴衆に共通していたのは，音楽を通して美の体験をすること，つまり音楽の芸術としての価値を信奉していたことである。そうした人々は，全体から見れば少数派であったが，「学識」があった。芸術としての音楽を信奉する人々は自己の音楽に関する価値観の正当性を雑誌，新聞や書物を通じて社会に訴えるようになった。その内容は，ヴィルトゥオーソに代表される商業的な音楽を否定し，自分たちが信奉する音楽のあり方を，正当化するものであった[8]。

 渡辺によると正当化のポイントは，以下の四つである。これらの点を推し進めることによって，音楽をますます特殊な表現形態として，その独立性を高めることとなった。

① 音楽家の神格化

 一つ目は，ヴィルトオーソに対抗して「巨匠」，「天才」というラベルを貼り，音楽家を神格化したことである。先述したように，音楽家を含む芸術家は，近代人の理想としての芸術家像を持った存在として位置づけられたが，その中でもより芸術家像を体現したとされる音楽家は巨匠，天才として位置づけられ，それにしたがった偶像的なイメージを生み出すために伝記が出版された。渡辺によれば，巨匠，天才とされたベートーベンの肖像画は，しだいに「ハンサム」にそして「難しい顔」となっていった変化を指摘している[8]。

② 音楽の芸術性

 二つ目は音楽の芸術性の主張である。彼らは，音楽を「芸術的なもの」と「娯楽的なもの」の二つに分けた。娯楽的と分類されたヴィルトゥオーソのような音楽を，良くない音楽として否定する一方で，自分たちが信奉する音楽の芸術としての価値や意味を正当化していった[8]。

娯楽的とされた音楽が否定される理由は，その音楽の鑑賞が，感覚的・表面的であることにあった。感覚的であるということは，芸術として美の体験ができないことを意味し，「病的享受」としてのレッテルを貼られたのであった。音楽を鑑賞する上で，感覚的な心地よさ，演奏の技術によって驚きを求めるような音楽は，芸術としての音楽に合わないもの＝低級な音楽とされた[8]。

③ 作品主義

三つ目は，作品主義である。感覚性の否定を通じた芸術としての音楽の主張は，その裏返しとして精神性を強調し，作品自体に注目する態度の正当性を強調したことである。音楽が他のジャンルの芸術と異なるのは，彫刻や絵画といった同一性を保つモノのみならず，可変性のあるサウンドという別のモノ化されない部分を含んでいることである。つまり，作曲家が楽譜というメディアで表現した作品は，それ自体ではサウンド化されなければ「音楽」とはなり得ないのである。それが明確に現れているのは，「作品そのものに耳を傾けよ」，つまり演奏から受ける感覚的な響きではなく，響きの奥に表現される「作品」の内容に耳を傾けるべしという，「作品主義」であった[8]。

作品主義における主張として重要なのは，演奏がオリジナルな作品の「複製」であるべき，という考えである。増田・谷口は，楽譜に基づく演奏もまた，楽譜出版同様の複製であることを指摘している[10]。演奏は人によって，また場合によって多かれ少なかれ変化する部分が必然的に出てくる。演奏による変化を否定するということは，演奏は同一性を保つために作品の忠実な複製であれ，という考えの現れである。それは，音楽家のメッセージが明確に表現され，その内容がメディアによって固定され，同一性を最もよく保つ楽譜が，作品として最も重要な価値があるという考えが暗示されている。

④ 集中的聴取

四つ目は，集中的聴取である。芸術としての音楽に対して，聴衆は，美の体験を得るために，部分部分のサウンドに「美しい」とか感覚的に反応するのではなく，「作品全体」を統一的に鑑賞することで，作曲者が表現しようとしている意図を，作品全体を通じて表現する一つの物語，ストーリーとして理解す

ることが求められた。簡単にいえば、感覚ではなく頭を使って音楽を聴くことが必要とされたのであった。それは「作品」を通じた巨匠、天才が生み出した「高い精神」の理解、追体験を行うことで美を体験できるというわけである。この美の体験を得るために一心不乱に作品に耳を傾けて聴くというような聴取を、渡辺はマリー・シェイファーにならって**集中的聴取**と呼んだ[8]。

また、この集中的聴取が適切に行える場として、19世紀後半のヨーロッパにはコンサートホールが作られていった（図1.4）。コンサートホールは、楽団が大規模化し、音楽演奏専用のホールが必要となったことで登場した。コンサートホールでは、演奏がはじまると客席の灯りは消される一方で、舞台のみに灯りがともされ続ける。これは、聴衆が他の聴衆など演奏から生み出されるサウンド以外に注意を向けさせないための仕掛けである[8]。コンサートホールは、以前の社交の場におけるBGM的な音楽鑑賞とは異なり、音楽のための特別な時間と場所を生み出す装置となったことを意味していた。

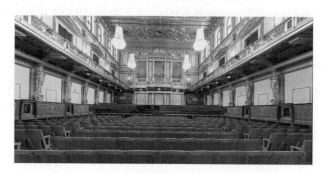

図1.4　ウィーン楽友協会ホール（1870年設立）[11]

これまで見てきたように、音楽の芸術化と商業化は、音楽作品の同一性保持の厳密化と音楽の日常からの切り離しに見られる、「脱文脈化」にあるといえよう。それは社会を超越した普遍的な美という価値を音楽で担保するための、音楽家と知識人の合作であるイデオロギー的戦略であったのだ。その結果、芸術としての音楽は、さまざまな文脈から切り離され、表現形態としての独立性を高めていくことになった。

1.4 音楽メディアの作品化と音楽著作権

1.4.1 音楽著作権の誕生

　これまで音楽の芸術化と市場化を通じた送り手・作者の社会的地位の向上を見てきた。そうした傾向は，作者が生み出したとされる作品に対する法的な権利の承認への動きとパラレルに進行していくことになる。音楽の市場化は，自身の演奏会以外にも，楽譜出版や作者以外の音楽家による演奏会など，作品の**二次利用**の拡大によって進展していった。特に19世紀に入ると，ブルジョア層を中心とした「家庭音楽」（家庭で演奏を楽しむ）の市場が飛躍的に拡大すると，楽譜の出版も盛んになっていった。

　しかし，この二次利用に対する作者の権利が確立するには，時間がかかった。近代以前は，楽譜およびその内容に関して適用された法的なルールは出版特許であった。**出版特許**とは，ある作品について，特許せられた者以外の者の印刷と出版を通常一定の期間を設けて禁止するというものである。

　しかし出版特許は，その作者の保護という側面ではなく，印刷物を生産する出版者に対する保護を目的としたもの（現在の複製権にあたる）で，当時高度な技術が必要とされた出版技術に与えられた権利であった。

　出版特許では，現在のようには作者とその作品が保護されなかった理由は以下の二つである。一つ目は，聖書やすでに死んでしまった人の作品，作者がわからないものなど，出版されるものの多くが古典的な著作物であったことである。二つ目は，音楽家が基本的には，教会や王侯貴族の「職人」であったことである。出版特許を認めていたのは，王侯貴族であり，それは音楽家たちのいわば主人，クライアントであり，その状況で自分の作品に対する権利を主張することは，自分の主人に対する反抗であり，非常に危険な行為となる[10]。

　近代に入ると，作者の作品に対する権利は徐々に承認されるようになった。その画期的な出来事は，1709年イギリスのアン女王が，通称「**アン法**」と呼ばれる法律で出版物における作者の権利を承認したことである。それは出版物とそのコンテンツが近代において多様化し，個人の著作物が出版などを通じた二

次利用によって大きな利益を上げるようになった状況と並行して進んでいった。

アン法の成立で興味深いのは，それが作者からではなく，出版業者からの要請であったことである。その背景には印刷技術が向上したのみならず，かつてあった印刷業への技術的な参入障壁が下がったことが大きい。出版事業の拡大に伴い，いわゆる「海賊版」が大量に流通することとなった。そこで，出版業者が，精神的労働の成果としての著作物の権利は著作者にあるとし，その作者と正式に契約（買い取りなど）した出版社が排他的に出版できると主張した。このように作者の財産的な権利，つまり作者の**著作権**とは，そもそもその二次利用を行う出版社の都合で作られたものなのである。ここに著作権，コピーライトの誕生がある[10]。

また，著作権には作者が作品を作るメリットが法的に付与されていることを忘れてはならない。作者は，長期にわたって苦労して作品を作り出すため多くのコストがかかる。しかし，出版のようにその作品をただ印刷し製本して売り出す出版社のような二次利用者は作品を生み出す労力は不要で，さらに印刷の技術的な進歩によって簡単で安価に大量の出版物を生産し，そこから得られる利益も莫大である。そうなると，利益という側面に関していえば，作者は創作のメリットが失われてしまう。その維持のために（著）作者が著作権を最初に付与されることは重要な意味を持ちえる[10]。こうして音楽を含む作品には，作者としての個人に加え，所有者としての個人が含まれるようになった。つまり作品は，特定の個人および組織の所有物という側面を強化していくことになったのであった。

音楽の場合，これまで述べてきたように芸術家としての音楽家が，特殊な技術と才能を持った人間として，その作品は美の体験を生み出す尊いものであると考えられるようになることで，作品とその作者に対する社会的な価値が承認されたという背景があったが，実際に作者の著作権が法的に承認されるようになるのは一筋縄でいかなかった。

楽譜の出版に対する作者の著作権が認められたのは，1760年のドイツで貴族と，それに仕えていた作曲家の遺族との作品を巡る権利を争う裁判であっ

た。ダルムシュタットの宮廷楽長を勤めた著名な作曲家演奏家であったクリストフ・グラウプナーがこの年に亡くなった後，宮廷がその職務で作られた作品集を出版し販売した。それに対して遺族は，権利は作曲者本人にあり，その財産を相続した遺族に無断で二次利用するなら，賠償金を支払えと主張した。この裁判は，日本で 2004 年に起きた，発明者と彼が所属した会社間の青色発光ダイオードの特許を巡る訴訟と同じ内容であるといえる。結果，裁判は遺族側が勝訴した[9]。その結果が示しているのは，音楽作品は，職務とはいえ，作者が所属する組織ではなく，作曲家個人に帰属するものとなったということである。

さらに，演奏における二次利用においても，作者の著作権もしだいに認められるようになった。フランスでは，1793 年の法律によって，演奏における二次利用でも著作権の適用，つまり著作権者である作曲家の許可，契約がない作品の演奏，上演が禁止されることとなった。しかし，演奏会など著作権を盾にその使用料を徴収することは，非現実的と見なされていた。それは二次利用の現場となる，演奏される場所を突き止めるのが困難であるためであった。都市化の進展に伴い，ミュージックハウス，ダンスホール，キャバレー，見世物小屋といった音楽的娯楽を提供する場が増加していた。

その転換点となったのは，1848 年におけるフランスでの裁判であった。E・ブルジェが見に行った見世物小屋で，自分が作った作品が演奏されていることに気づき，料金の支払いを拒否した。その理由は「あなた方は，私の作品を，何の支払いもすることなく使っている。どうして，あなた方のサービスに支払いをしなければならない道理があるだろう」というものであった。ブルジェは，自分の作品にも，1793 年の法律を適用することを裁判で主張し勝訴した。その結果，1851 年 SACEM（音楽の作詞家・作曲家・出版組合，日本でいえば JASRAC に相当する機関）が誕生し，音楽作品の演奏に対する著作権使用料を請求する機関となった[7),12)]。

1.4.2 コピーライトとオーサーズライト

ここで，もう少し著作権に関する考え方を整理したいと思う。増田・谷口によれば著作権の根拠となるのは，作者自身が作ったこと＝「オリジナルなもの」，という考え方である。このオリジナルなる概念は増田・谷口によれば，二つの意味が混在しているという。一つはその語源であるオリジンという言葉に見られる「起源」とか「最初の」という意味である。そこから，作品は作者が最初に作りだしたものという意味を持つようになる。

もう一つは，「独創性」（他とは異なるもの）という意味である。それは先述したように芸術概念の変容と大きく関わっているもので，19世紀になって現れた意味である。異なる個性を持つ作者が，その個性を自由に発揮した結果生み出される作品は，必然的に他とは異なるものになると考えられることになる。そのためこの考え方は，前者と結びつけられ，個人（作者）によって「最初に作られたもの」＝「独創性をもつもの」として，「オリジナルなるもの」を理解されるようになる [10]。

こうしたオリジナルの二つの意味が反映されているのが著作権の二つの側面である。一つ目の「起源」，「はじまり」という意味は，**コピーライト**という側面に反映されている。作品の起源「オリジン」，つまり初めに作った人としての作者の創作のメリットを法律で守り，その作者もしくは権利の所有者に無断で第三者が二次利用から利益を上げてはいけない，という考えとなる。そのため財産権という側面を持つ。

一方，「独創性」という意味は，**オーサーズライト**という考え方に反映されている。作品の独創性を守るため，作者のことわりなく形を変えてしまうことを禁じることが可能な権利という考えになる。1886年に国際的に締結されたベヌル条約では，著作人格権，つまり個性の同一視されるものとして，名誉や声望が害される恐れのある変更や改訂を禁じるとした。日本では，同一性保持権として，作品は，作者（もしくは著作権所有者）の意に反する変更や改訂を禁じられている。ここに，芸術概念の変化で見た，演奏によって変わらないこと＝同一性を保たれることが作品の価値の根源にあるという考えが反映されて

いるのである。オーサーズライトという考え方は作品が個性を持った人格の反映でもあるとするので，人格権という側面を持つ[10]。

　オーサーズライトという考え方は，作者が世に出した作品の内容を，独占的にコントロールする権限が，法的に認められることを意味する。その結果，ある作者が自分の作品を使って新しい作品を作った場合には，アレンジが気にくわない，サンプルされた使い方が気にくわないとか，その作品と作者をコントロールすることが可能となることを意味する[10]。

　今日の大規模に市場化された音楽文化は，この音楽著作権という制度を基盤として成立しているといっても過言ではない。とはいえ人間のコミュニケーション活動として音楽著作権を再度考えた場合，その制度の基盤となった「オリジナル」の概念には問題がある印象は否めない。その理由の一つは，オリジナルという概念において「最初につくること」＝「他と異なること」が同一視されている点にある。どんな音楽家でも創作の際には，自己の音楽経験を参照する。その結果生み出される作品は，その音楽経験が必然的に反映されることになる。そのため，音楽作品は「他とまったく異なる」ものというよりは，音楽家の音楽経験に蓄積された過去の作品が組み合わされたいわばモザイクと考えた方が実態として適切であろう。

　もう一つは，オーサーズライトとしての著作権が，新しい創作を阻害する要因となる恐れがある点にある。オーサーズライトには，変わらないこと＝同一性を保つことが，作品とその作者の尊さと価値が永続するという理解が根本にある。音楽のコミュニケーション，特に楽譜などのメディアを媒介としない場合，たとえ誰がある音楽作品を作ろうとも，その伝達の過程で変化を伴うのはむしろ自然なことであろう。これまで見てきたように，メディアというテクノロジーによって音楽は，ようやく同一性を担保できるようになったという意味では，こうした音楽のあり方の方がある意味「不自然」なものであるといえないだろうか。

　また，近代における音楽の芸術化はその市場化と不可分に結びついてきた。誤解を恐れずにいえば，音楽の芸術化とは音楽の市場化を正当化するイデオロ

ギーであったともいえるだろう。その結果，近代ヨーロッパで起きた変化を以下の3点に集約できる。

　一つ目は，音楽文化における受け手と送り手の格差に基づく経済活動の形成である。音楽に対する芸術という新しい価値の付与は，その特殊な技術そして才能を持つものと持たざるものとの格差を基盤として，前者を音楽家という送り手・生産者，後者を聴衆という受け手・消費者という役割に固定化した。かつての教会音楽のように参加者全員が賛美歌（キリスト教の教えを歌う歌）を歌う場合には，送り手と同時にその歌を聴く受け手でもあった。しかし「芸術」の有無によって送り手と受け手が明確に分化された近代以降，送り手から提示された「作品」（作曲・演奏）を，大金を払って集中的聴取，つまり全神経を鑑賞することに振り向けることを通じて体験するものであった。

　二つ目は音楽著作権の誕生である。かつては王侯貴族や教会といった支配者層のパトロンに仕える職人に過ぎなかった音楽家は，近代以降「自律した」芸術家となった。そして著作権の誕生によって，自分の創作物の権利所有者にもなった。それは，二次利用において自分の作品に対する財産としての所有と，同一性を保つことで得られる価値を盾に，その内容さえもコントロールする権利を手に入れることとなった。

　三つ目は，物質としてメディア化された音楽が，文化的かつ市場的な価値の中心となったことである。メディアとしての楽譜は，かつては演奏の指示という規範的な意味を持つに過ぎなかったが，美を生み出す作品の価値の根源（オリジン）として，そして財産としての根拠となったように，近代ヨーロッパの音楽文化において中心的な価値を持つようになった。そしてその価値は，物質化されているがゆえに生み出される内容の同一性が最も重要な点として位置づけられるようになった。

1.5　世界音楽経済システムの誕生

　これまで楽譜の変遷から西洋の音楽文化の変化について述べてきた。労働や宗教（的儀礼）に埋め込まれていた音楽は，楽譜という特殊な記号によってメディアに表現されることを通じて，他の文化的表現形態とは異なる独自性を確立し，また楽譜を書く作者が個人として特定されるようになった。

　そして音楽の商業化が進んだ近代に入ると，作品の同一性＝複製を保持する楽譜は，音楽文化において中心的な価値を帯びるようになった。美的には，最も作者のメッセージを明確に表現し，その内容の同一性を保持するものとして，法的には作品の財産的所有とその内容のコントロールを作者に一次的に与える著作権を基盤とした世界音楽経済システムの中核として，モノ＝メディアである楽譜が，サウンドをはるかに凌駕する価値を持つようになった。

　音楽のモノ化，それを通じた個人所有の結果，西洋近代で発達したシステムを細川周平の「世界音楽システム」にならって**世界音楽経済システム**と呼びたいと思う。世界音楽システムとは，細川が指摘した近代ヨーロッパで生まれ，その権力を背景に世界的に普遍化した音楽文化のプラットフォームを指す。細川はその特徴として，計量記譜法に代表される数理的合理性，その表現としての記号の支配，楽譜を媒介とした公的な教育体制，本論で述べてきた芸術としての価値の根源となった美にまつわる「自律美学」，そして市場化にともなって現れた公開演奏会，最後に近代国家の形成に関するナショナリズムの6点を挙げている[13]。

　ここで述べる世界音楽経済システムとは，メディアと経済を中心にして見た場合の世界音楽システムの改訂版と捉えてもらった方がいいだろう。それは，著作権に代表される「作品所有の権利とその一元的コントロール」，そして作品が演奏や印刷といった二次利用において，オリジナルの複製によっても作品を変化させてはならないという「同一性の厳守」の原則に貫かれている。つまり，作品所有の権利と同一性の厳守は表裏一体なのである。それは同一性が崩され変化してしまえば，誰の作品だかわからなくなるからであり，それが権利

の独占的所有を動揺させることに繋がるからである。それは芸術音楽における「作品主義」に顕著に表れていた。2章ではこの世界音楽経済システムが中核となった音楽文化が，レコードの登場にはじまる音響メディアの発展によってどのように変化していくのかを考えていきたい。

演習問題

〔1.1〕 音楽文化における楽譜の役割の変化をまとめよう。
〔1.2〕 音楽のメディア化に伴う変化に関して，楽譜の時代からレコードの時代への推移の中で，変わらなかった部分（強化された部分）と変わった部分についてまとめてみよう。
〔1.3〕 音楽がモノ化されることで，音楽文化における社会的意味と価値の変化を考えてみよう。

2章 音楽文化と音響技術

◆ 本章のテーマ

　私たちの音楽に満ちた生活は，さまざまな音楽メディアによって成り立っている。その中心にあるのは，実際にサウンドを媒介する音響メディアである。その根本を支えるのは近代的なテクノロジーである。レコードにはじまる音響メディアは，1章で指摘した「世界音楽経済システム」を強化していった一方で，今日の音響メディアそして音楽文化を支えるディジタル技術によって，世界音楽経済システムを動揺させ，さまざまな問題を突きつけている。以下では，音響メディアの発展を概観し，今日の音楽文化と世界音楽経済システムがはらむ諸問題を指摘していく。

◆ 本章の構成・キーワード

2.1　技術の社会的配分と世界音楽経済システムの強化
　　　録音複製技術，反技術決定論，大量複製，編集，レコード音楽
2.2　レコード作品における同一性の解体
　　　カット・アンド・ミックス，ICT，マッシュアップ，ネタ化，コピー，P2P
2.3　ディジタル化と世界音楽経済システムの動揺
　　　リミックス，パブリックドメイン，知財，公共性，メタ複製技術
2.4　音楽メディアと音楽文化のこれから

◆ 本章で学べること

☞ ディジタル化がもたらす今日の文化への影響
☞ 今日の知的財産のあり方を考えるための問題

2.1 技術の社会的配分と世界音楽経済システムの強化

2.1.1 録音・再生・複製技術の社会的受容と再配分

前章では楽譜という音楽メディアが音楽文化の中心的な役割を担うようになったことで，音楽の商品化が進み，メディア自体が商品価値を帯び流通し，その利益を権利として保障することで世界音楽経済システムが形成されたプロセスを見てきた。この世界音楽経済システムは，新しい音楽メディアとそのテクノジーが誕生普及することによって，さらに強化されることとなった。

その新しい音楽メディアとテクノロジーは，レコードに始まる音響メディアと**録音再生技術**である。その誕生（技術的な実現化）は，1877年にトーマス・エジソンが開発した**フォノグラフ**（図2.1）までさかのぼることができる。フォノグラフは再生のみならず，録音の機能も兼ね備えた「双方向的な」メディアテクノロジーであった。増田・谷口が指摘しているとおり，エジソンは，フォノグラフを音楽というよりは，言葉の記録と再生ための実用的な目的を果たすテクノロジーとして位置づけていた。例えば，速記者に代わる言葉の記録が，想定された使用法の一番目に挙げられているように，実用的な目的のために生み出されたといえる。人々がこのテクノロジーに向けた関心は，これまでは消えてしまうはずの音が記録（録音）されることであったという[1]。しかしながら，鉛箔を貼り付けた円筒型のメディア（図2.1の筒状のもの）は，耐久性と音質において大きな問題があり，普及には至らなかった。

このメディアの技術的な問題を改善したのが，1881年のアレクサンダー・グラハム・ベルが開発したグラフォフォンである。グラフォフォンで使用され

図2.1　フォノグラフ[2]

た蝋管は，耐久性が高く，表面を削ることで再度録音が可能であり，実用に耐えうるものであった。結果グラフォフォンは，普及することとなった。興味深いのは，グラフォフォンの購買者は，合衆国最高裁判所の速記者であった。このことが示すように，初期の録音再生技術は，音楽のように娯楽としてではなく，実用的な機材として販売されていたのであった[3]。

実用用途での蓄音機の普及が頭打ちとなると，これまで副次的とされてきた娯楽的用途としてビジネスが展開するようになった。その結果，録音済のメディアが単体もしくは蓄音機をセットで販売，もしくはリースされるようになった[3]。その際，当初録音されたメディアは，今日のCDのようにソフトそれ自体の販売ではなく，蓄音機のプロモーション目的のため制作された[1]。1889年にサービスが開始された「コイン・イン・ザ・スロット」と呼ばれたリースで提供された公衆蓄音機は，当初，高価なハードである蓄音機の機能を安価に利用する娯楽目的で設置され人気を博した。

「コイン・イン・ザ・スロット」の普及に見られたように，蓄音機の社会的需要は，蓄音機を自分で録音して使用する実用的用途よりも（高価な機材を買う必要があったが），あらかじめ録音された音のコンテンツを再生する娯楽用途であったことが明らかになった。この蓄音機の社会的な需要の変化は，蓄音機の進化の方向性に大きな影響を与えたといえる。それは蓄音機のメディアが，従来の円筒型から今日のアナログレコードにいたる円盤型へと変化したことに現れている。

エミール・ベルリナーが1887年に開発した**グラモフォン（図2.2）**は，エジソンの特許を避けつつ，録音されたソフトを聴いて楽しむという娯楽目的の利用，再生の機能に特化することを念頭に置いて開発された。グラモフォンが従来の蓄音機と決定的に異なるのは，今日のレコードに繋がる円盤型のメディアを採用することで，円筒型と比較するとソフトを大量に製造することがはるかに容易であったことである。円筒型の場合，同じソフトを10個制作しようとすれば，同時録音のために10台の蓄音機が必要となる。一方，円盤型の場合，まず録音された円盤に刻まれた溝を写し取りつつ（凸凹の繰り返し）素材

図2.2 グラモフォン[4]

を強化させる（メッキから金属へ）ことで版（凸）を作り，そこに樹脂を押しつけることでソフトが作れるので，版さえ作れば何枚でも簡単にそのコピーを量産することが可能であった．円盤型は，版によって同一性を保ちながら大量のコピーを生産できるという意味では，楽譜の印刷と同じ性格を持っている．結果，円筒型と円盤型という二つの方式の市場を巡る争いは，円盤型レコードに軍配が上がることになった．

また円盤型の勝利によって，次々に登場した録音・再生・複製の諸技術が社会的に受容される過程において，それぞれの技術が社会的に再配分されることとなった．当初は同一のテクノロジーに存在していた録音と再生という技術は，その社会的な普及によって，しだいに録音と複製技術が送り手に基本的には独占され，再生技術は受け手に提供されるようになった．

こうして録音されたレコードは，今日のCDのようにソフトとしてしだいに音楽のマスメディアとなっていく．蓄音機の普及のためにグラモフォン社は，音楽ソフトとしてのレコードを充実させていった．特に，1902年に人気オペラ歌手エンリコ・カルーソーの録音を皮切りに，声楽を中心としたソフトを大量にそろえた「赤盤」（レコードの中央部に貼られたレーベルが赤だったことにちなんで付けられる．それはまた「高級」であることを暗示していた）が誕

生する。1910年代になり蓄音機が普及する時期に入ると，レコードソフトの売上の上位を占めたのは，ジャズなどのポピュラー音楽へと変化した。特にレコード時代のポピュラー音楽は，最初から当時のレコードの収録時間（およそ3分）に合わせ，レコード化を念頭に置いて作曲された音楽であった[1]。

当初，蓄音機の録音再生技術は「音の写真」として人々に驚きを持って迎えられた一方で，1910年代以降家庭への普及が進み，娯楽利用の音楽メディアとなると，レコードの音楽は実演の劣化したコピーとして位置づけられ，ときには「音の缶詰」と揶揄されることもあった。その意味でレコードのサウンドは，結果として高音質化（ハイファイ化）しながらも，副次的なものとして長い間位置づけられることとなった[3]。

受け手に再生技術が集中したということは，人々の音楽行動が大きく変化していったことを意味する。その一つが，音楽の消費において演奏という行為が減少していったことである。先述したように，楽曲の二次利用として楽譜の出版が盛んに行われていたが，そのおもな市場は家庭音楽であった。比較的演奏しやすい楽曲を自宅で演奏して楽しむものである。家庭音楽を楽しむには，楽譜を読み，演奏できるリテラシーが必要となってくる。しかし，レコードがしだいに普及してくると，音楽を楽しむ上で演奏とそのためのリテラシーは不要になる。音楽行動の中心が状況は今日でも大きな変化はない。例えば「どんな音楽が好きですか？」と質問されて，「SEKAI NO OWARI が好きです」と答えた場合，SEKAI NO OWARI の曲を「演奏する」というよりは「聴く」ことが好きという意味であることがほとんどであろう。つまり，今日の音楽行動を考えても，音楽をメディアの再生を通じて聴くという行為は，「聴く」といわなくてもいいほど当り前になっているのである[1]。

二つ目は聴き方の変化がしたことである。蓄音機とレコードの普及によって音楽を聴くことは貴重な体験ではなく，いつでもどこでも可能になった。そうなると，「ながら聴取」（例えば食事をしながら気軽に音楽を聴くという聴き方）も可能となる。先述したように，かつて音楽が芸術化された際，美を体験するため求められたのは，演奏にのみ全神経を傾ける集中的聴取であった。

レコードの時代の散漫な「ながら聴取」は，全体を聴く集中的聴取とは逆に部分的なものへと変化していく。特にアドルノが「引用型摂取」と呼ぶ，全体を聴かず感覚的に反応した部分にのみ耳を傾ける聴き方はその典型といえるだろう。具体的にいえば，私たちがある曲のさびの部分だけ知っているということとなろう。

また，散漫なながら聴取は，音楽を聴取する上で再び感覚の優位性を促すことを意味している。ながら聴取による部分的に聴くということは，精神の作用で感覚を統一し，美を体験する集中的聴取とは異なり，自分の感覚に基づく好き嫌いによって音楽を聴くようになったことを指摘している。レコードの時代音楽を聴くという行為は，集中的聴取を通じた作品のメッセージを読み取るものから，細川周平の言葉を借りれば「サウンドの快楽」，つまり感覚的な楽しみが重要になったのである[5]。

こうしたレコードの時代の散漫なながら聴取は，芸術として音楽を考えた場合，それは作品の意味や価値を矮小化していき，音楽作品の美的価値が崩壊していく過程として考えることができるだろう。

2.1.2　音楽制作とテクノロジー

録音と複製，さらに制作に関して圧倒的な技術力を持った送り手は，その技術の進化に伴い，その技術なしでは生み出すことができない音楽作品を制作するようになる。その進化は，レコードの音楽が演奏とは異なる特徴をしだいに強め，その副次的な立場を大きく変えることになった。その始まりは，1920年に実験的に**電気録音**が開始されたことである。電気録音とは，実際の音ではなく，音をマイクロフォンで集め電気信号に変換した情報を録音するものである。電話の技術から発達したコンデンサマイクロフォンの開発は，音をより強い電気信号に変換することができたことから，マイクロフォンが使用に耐えうるだけの音質を確保することが可能となった。さらに，真空管を使用した増幅器（アンプ）の開発によって，電気信号化された音を，より大きな音へと増幅することが可能となった。その結果，録音可能な音域が拡大し，レコードのハ

イファイ化をも促進することになった。

電気録音への変化は，録音の手法も変化させることとなった。それ以前の機械録音（アクースティック録音）では，大きなラッパ状の筒がサウンドを集める役割を果たすので，その近くに演奏者が集まり演奏をする必要があった。ラッパ状の筒の先には膜と針がつけられ，振動をレコード盤に直接刻みつけていた（**図2.3**左側参照）。録音技師は，例えばフェイドアウト（しだいに音量を下げていく）する場合には，ラッパ状の筒を徐々に演奏者側から遠ざけて対処した。

図2.3 機械録音（左）[6]と電気録音（右）[7]

一方，電気録音の場合，マイクとアンプというテクノロジーが介在することになるため，それに応じた特殊な技術が必要となった。良い録音を行うためには，マイクロフォンのセッティング（図2.3右側の中央に立てられたマイクに注目），スタジオの特性の把握，演奏家の配置，録音レベルの調整といったテクノロジーの変化に応じた操作と工夫と配慮といった特殊技術必要となった。それは従来の音楽の知識（アレンジなど）に加え，テクノロジーを扱うためのテクニックが必要となったことを示している。

マイクロフォンとアンプの組合せによる電気録音で重要なのは，これまでの機械録音のように音自体の物理的な大きさに左右されていた録音からその制約が取り除かれたことである。こうした技術的特性は，しだいに音楽制作にも利用されることとなった。1926年にそのキャリアを開始したアメリカ人の歌手

ビング・クロスビーは,「クルーナー（crooner）」（croon は小声でささやくという意味）と呼ばれ,その独特な歌唱法で人気を博した。この「小声でささやく」歌唱法が可能になるのは,小声を拾うマイクロフォンと,その音の電気信号を増幅する増幅器の存在が不可欠なのである。

クルーナーの人気は,小声が生み出す擬似的な親密性にある。擬似的ではあるが,ささやくような歌声は,もっぱら一人のためか,ごく近くにいる人のための歌い方である。それはまるで歌手が聴衆である自分のためだけに歌っているような効果を生み出した。そのため,その歌声は,まるで聴衆一人ひとりに歌いかけながらも,集団性（歌手の熱狂的なファンが登場）を形成することを可能にしたのであった[3]。

第二次世界大戦後に普及した**磁気録音**は,テクノロジーを利用するだけでなく,それに依存しないと不可能な音楽制作を生み出した。磁気録音とは,音を電気信号に変換し,録音用のヘッドに伝えられ電磁石の働きによってその上を摩擦して走る磁化が可能なテープやリボンに帯磁させることで録音するものである。いわゆる現在のカセットテープのことを考えればわかりやすいだろう。

磁気録音は,当初マイクロフォンが受話器の一部の機能であることもあり,通話内容の録音のために1898年に発表された。それは,磁気録音の最初の機械の名称である,**テレグラフォン**（図2.4）,つまりテレフォン（電話）とグラモフォン（録音）を合体させようという意図がそこから読み取れる。今日の留守番電話とほぼ同様のアイデアがすでにテレグラフォンにはあったのである。

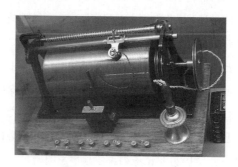

図2.4 テレグラフォン[8]

2.1 技術の社会的配分と世界音楽経済システムの強化

　他の録音技術と比較した場合，磁気録音のアドバンテージは録音時間の長さであった．ピアノ線を巻いた円筒型のメディアは，後の試作品は連続して30分以上の録音が可能となった．当時の蓄音機の円筒型メディア，円盤型メディアの3分に比べると，はるかに長い録音が可能であった．そのことから将来性のあるテクノロジーと考えられることもあった．しかしその欠点は，音質が悪すぎたことであった．録音はかろうじて何かが聞こえる程度の音質しか保つことができなかった．その理由は音を電気信号化して，さらに磁気化し録音するには，あまりにも音の電気信号が弱すぎたためであった．その欠点も，1920年代に電気録音セットともいうべき，コンデンサ付のマイクロフォンと真空管による増幅によって，実用に資する音質を保持できるようになることである程度解決を見た．

　磁気録音は，録音メディアの改良によって飛躍的な発展を遂げることになる．それはドイツで1935年に酸化鉄（磁気を帯びる）をコーティングした紙テープが開発され，そのメディアを利用する「マグネットフォン」（テープレコーダー，図 2.5）が誕生したことである．マグネットフォンと紙製のテープは，長時間にわたり，レコードを使った場合よりもはるかに高音質の録音と長い再生を可能にした．マグネットフォンは，ナチスドイツが権力奪取と維持のためにコントロールしたラジオ放送で積極的に使用された．ヒトラーの演説が録音されたテープは，高音質で繰返し全国，同じ時間に放送され，プロパガンダとして重要な役割を果たすこととなった[3]．

図 2.5 マグネットフォン[9]

　磁気録音のテクノロジーを音楽制作に利用する試みは，第二次世界大戦後，アメリカ合衆国がドイツの技術を押収し，自国で技術開発とその普及がはじまったことによる．音質と録音時間に関してはるかにレコードを超えた性能を持つテープレコーダーが音楽制作のスタジオで普及する中，録音は，従来のよ

うにサウンドを蓄音機でそのままレコード盤に刻みつける（録音する）のではなく，いったんテープに録音したものを再度レコードの原盤制作に利用する方法が一般的となった。

アーティストでテープレコーダーの導入に積極的であったのは，ビング・クロスビーであった。クルーナーとして大人気の歌手で多忙を極めていたクロスビーは，当時生演奏しか許可されていなかったラジオ番組で，ヒトラー同様あらかじめ録音された内容を放送してもらうためにテープの利用を真剣に要求した。そのためクロスビーが，テープレコーダーの技術を発展させるための投資を行った。

テープレコーダーの普及に関してさらに重要なのは，テープの特性を利用した編集の容易さであった。例えば，従来のレコードに刻みつける録音であれば，演奏開始前に咳払いなどの雑音が入ってしまえば，録音とそのレコード盤は失敗として捨てられていた。しかし，テープの録音では，そうした雑音はテープで録音された部分を切り取り，そのサウンドを再生させてレコード盤に録音させれば，盤をむだにしなくてもよくなった。テープにおける編集が可能になったことで，失敗に伴う演奏者の心理的負担を削減することが可能になった。

テープとテープレコーダーを利用した音楽制作は，**編集**のテクニックの進化によって，さらに発展していくことになる。その代表的なテクニックは，既存の録音を使用したものである。これまで既存の録音を利用して新しいサウンドを作る試みは，その先駆的な事例として1937年にフランスの映画のサウンドトラック制作がある。音楽制作での先駆的な試みの一つは1947年，アメリカ合衆国の人気歌手であったパティー・ペイジのケースである。パティー・ペイジは，録音の際バックコーラスのメンバーを確保することが不可能となると，ディレクターの指示によって，ペイジ本人がバックコーラスの部分をあらかじめレコード盤に録音した。つぎにその録音を再生させながら，ボーカルの録音をした。いわゆる多重録音（オーバーダビング）の誕生である。

この瞬間，レコードの音楽は生演奏の劣化した「写し」ではない，独自の存

2.1 技術の社会的配分と世界音楽経済システムの強化　　35

在意義を持つようになった。それは，最終的に完成した作品では，ペイジがコーラスとボーカルを同時に歌うことは不可能なことから，実際の演奏で再現できないものとなったからである。この瞬間，音響メディアの音楽は，生演奏の劣化版のコピーという呪縛から解かれたといってもよい。この実践でもう一つ重要なことは，演奏の写しであった録音が，編集を通じて最終的な作品を作るための「素材」として別の重要な意味を持つようになったことである。

　ペイジが行ったオーバーダビングを使った制作手法は，テープレコーダーの導入とその技術的進歩，さらに利用法の洗練によって，レコード制作において不可欠なものとなる。そこでクロスビーの事業にも参加していたギタリストのレス・ポールは，これまでペイジのようにレコードを使ったオーバーダビングを試みていたが，高音質と作業能率の確保のためテープレコーダーを導入した。テープレコーダーには，「再生ヘッド」，「記録ヘッド」，「消去ヘッド」の三つの装置がつけられている。レス・ポールは，再生ヘッドを一つ加えあらかじめ録音したサウンドを再生ヘッドから外部に出力して，その音を今度は自分の演奏とミックスして録音ヘッドに送ることで，一台のテープレコーダーでの多重録音を可能にした[3]。

　レス・ポールの多重録音のアプローチは，苦肉の策であったパティー・ペイジの場合と異なり，当初からサウンド上の効果を狙ったものであった。レス・ポールは，同じフレーズやコーラスや演奏を何度もオーバーダビングを行うことで，音の厚みと独特の響きを生み出すことに成功した。パートナーのメアリー・フォードのボーカルで制作した「ハウ・ハイ・ザ・ムーン」（1951年）は，11回ものオーバーダビングが行われた。

　録音したサウンドの再利用は，既存のサウンドを切り貼りするという編集をより緻密化させた作業によって新しい展開を見せるようになる。その先駆的な試みが，1940年代末のフランスにおけるミュージックコンクレート（具体音楽）の実践である。ピエール・シェフェール，ピエール・アンリらは，材料としてさまざまな音（身の回りにある具体音）をレコードに録音し，その音を編集することで，新しい作品を作り出した。その後テープレコーダーを導入した

ことで，より幅広い表現が可能となった。さらに「一人の男のためのシンフォニー」(1950年)からも聴き取れるように，録音された素材を切り貼りするのではなく，それぞれの素材を加工し（例えば女性の声を反復させるなど），組み合わせている[1]。こうして制作されたミュージックコンクレートの作品は，レコードの音楽の価値をより高次に引き上げた。それは作品の主体が，作者のメッセージが最も明確に表現されたと考えられる楽譜ではなく，録音そして編集された作業の結晶であるレコードのサウンドへと変化したからである。

　テープの編集を通じた作品の制作は，後にミュージックコンクレートのように実験的な作品のみならず，芸術音楽の世界でも展開することとなった。ピアノの演奏家として名高いグレン・グールドは「平均律クラーヴィア曲集　第一巻イ短調フーガ」(1965年)を8テイク録音した。グールドにとって満足のいく録音はそのうちの二つであった。どちらも完璧な出来であったが，それぞれに別の特徴，長所があった。そこでグールドは，両テイクがほとんど同じテンポで演奏されていたことに注目し，それぞれの長所を繋ぎ，どのテイクよりもはるかに優れた編集版を作成した。後にグールドは，「演奏が想像力に課す限界をしばしば超えることができる」と述べた。こうしたアイデアは，譜面を忠実に再現することに集中している演奏のとき，つまりコンサートでも録音中でも思い浮かばないことであったからである[1]。

　編集は，グールド自身が述べたように「諸要素の技術性に特有な感受性」が働いた，つまり録音したものを改めて聴き直した結果生まれたアイデアだったのである。そのグールドにとって演奏とテープ編集は録音された音響に対して同じぐらい重要な意味を持ち，最終的には，コンサートでの演奏活動を休止することとなる。とはいえ，グールドの場合，ミュージックコンクレートとは異なり，あくまでも演奏から生まれるサウンドからは完全に逸脱したものではなかった[3]。

　テープ編集による音楽制作は，そのテクノロジーとともにテクニックも進化し，しだいに演奏によって再現できないレコード独自のサウンドを生み出していく。ロックンロール歌手であったエディー・コクランは，自作の曲を，ドラ

ム，ベース，ギター，ボーカルを一人ですべてのパートを演奏し，ピンポン録音（トラックの間を卓球のように行き来する）することですべてのパートを統合し作品を制作した。エディー・コクランの試みは，演奏から逸脱するものとはいいがたいかもしれないが，多重録音というテクニックを使い，作品すべてを一人で完成させたのは，革新的であったといえるだろう。

また，音楽プロデューサーのフィル・スペクターは，「音の壁」（wall of sound）と呼ばれた多重録音のテクニックを駆使した作品を制作した。「ロックンロールのワーグナー的アプローチ」と自身が呼んだように，シンフォニーはワーグナー同様の大規模なオーケストラで演奏させるだけでなく，通常一人で演奏・録音していたピアノやドラムなども複数のミュージシャンによって同じ旋律やリズムを「多重」演奏させ，さらに多重録音を加えることで重厚なサウンドを生み出した。

こうした録音技術とそのテクニックの洗練は以降も続くことになる。1960年代中盤，ロック（Rock）では，例えば，ザ・ビーチボーイズの「グッド・バイブレーション」（1966年），ザ・ビートルズの「トゥモロー・ネヴァー・ノウズ」など磁気録音を基盤にスタジオの機材を駆使した作品が作られるようになった。中でもザ・ビートルズのアルバム『サージェント・ペッパーズ・ロンリー・ハーツ・クラブ・バンド』（1967年）はその代表的な作品である。すでにザ・ビートルズは，人気絶頂にあった1966年にいわゆる「コンサート拒否宣言」を行ったが，そこには，コンサートで表現できるサウンドと録音技術とテクニックを駆使したアルバムで表現できるサウンドは別物であるという認識が表明されているのである。これは先述したグールドの認識とまったく同じものである。

『サージェント・ペッパーズ・ロンリー・ハーツ・クラブ・バンド』は，4チャンネルのマルチトラックレコーダー2台を駆使して制作された。マルチトラックレコーダーとは，複数のチャンネルを兼ね備え，それぞれが個別に再生と録音ができる機材である。例えば，チャンネル1のベースとチャンネル2のドラムのトラックを再生させ，チャンネル3のトラックでミックスして録音す

ることが可能である。そうするとトラックはどちらか一方，もしくは両方消去でき，そこに新しく録音ができるようになる（その後の展開は3章を参照）。

『サージェント・ペッパーズ・ロンリー・ハーツ・クラブ・バンド』では，ミュージックコンクレートのアイデアを採用し，オーケストラをテープの速度を変えたり，ずらしたりして4回も録音を重ねたり，人の声を録音したトラックを逆回転させたり，位相，つまり音を擬似的に右のチャンネルから左のチャンネルへ移すなど多様なアイデアが実践された[1]。

「700時間かけて作り上げた40分」の作品である『サージェント・ペッパーズ・ロンリー・ハーツ・クラブ・バンド』は，もはや実際の演奏では再現不可能なサウンドを作り上げた。それは録音と編集技術の向上とその利用のテクニックによる制作が，単なる演奏の写しを超え，レコードというメディアのみでしか存在し得ない，自律した特殊なサウンドを生み出したことを意味する[1]。

これまで，録音複製再生技術と音楽制作の変化についてみてきた。生演奏の劣化版の写しに過ぎなかったレコードが，録音技術とその利用を洗練させた結果，そこでしか表現できないサウンドが生み出され，作品そのものとして，楽譜や演奏とは異なる次元の価値と自律性を持つようになった。さらに，完成されたサウンドがそのままコピーされるレコードの時代になると，演奏による変化が不可避的に存在した楽譜の時代と異なり，作品の同一性はより強化されたことを意味している。

レコード音楽の作品化は，録音複製技術の社会的再配分をより強化させていった。高度化され高価な録音と編集，そして複製の技術は送り手に独占される一方で，一般の受け手には再生の技術のみしか与えられず，その間の技術的な格差はもっぱら拡大していった。その結果，受け手の音楽活動は聴くという受動性がより高まった。そしてこの受け手と送り手の格差に基づく世界音楽経済システムは，レコードの時代となると，技術的な要素が加わったことにより，音楽文化の中でより圧倒的な位置を占めるようになった。

2.2 レコード作品における同一性の解体

2.2.1 DJイングの意義

　1970年代に入ると，テクノロジーの進化とその利用法の洗練によってレコードの作品化を通じた受け手の受動性を覆すような興味深い実践が誕生した。その代表的な事例は，1970年代に登場したアメリカ合衆国における**DJイング**である。DJとは，Disc Jockeyの略語で，従来はラジオ局などで，おしゃべりをしながら楽曲をオンエアする曲の紹介者，というのが基本的な役割である。しかし，1970年代中盤に，ニューヨーク市のゲットーに登場したヒップホップ文化（「タギング」，「グラフィティー」と呼ばれるデザインされた文字のイラストと「ブレイキング」と呼ばれたアクロバットなダンス，そしてDJを含む「ラップ」という音楽の三つの要素からなるサブカルチャー）におけるDJは，ラジオではなく仲間同士のパーティーで活動し，単に曲の紹介者ではなく，機材とレコードを操作することで新しいサウンドを生み出す「演奏家」としての性格を持つようになっていった[1]。

　ヒップホップ文化とDJの技術が発展した背景には，貧困という状況があった。1960年代の半ば頃から都市部で現れたディスコ（生演奏ではなくレコードを流して，踊らせる娯楽施設）のスタイルをまねたブロックパーティー（公園，ストリート，プロジェクトの娯楽室などを利用した仲間内のパーティー）が1970年代初め，ニューヨーク市のゲットー（貧しい地域）で人気を呼んだ。それはライブやディスコに行く金銭的余裕がない若者達にとって，安価かつ楽しいエンターテイメントとなっていた。またブロックパーティーは，ほぼコストをかけることなく自前で開催することができた。ターンテーブル（レコードプレイヤー）とミキサーは公民館などにあり，レコードは自分で購入したものや，親のものを借りてきたからである。DJは，当初パーティーの雰囲気を自分の選曲によって作り出すいわばパーティーの司会者的な役割をも果たしていた。

　DJがレコードと機材を操作し即興的に新しいサウンドを生み出す活動，つまりDJイングシフトしていくきっかけは，音楽でパーティーの興奮を高める

ための技術が生み出されたことにある。その代表ともいえるテクニックが「ブレイクビーツ」である。その創始者であったDJクールハークは，楽曲のブレイク（楽曲の間奏，またはボーカルのない部分）が，パーティーの会場ではもっとも盛り上がる箇所であることを熟知していた。しかしながら，ブレイクはボーカルのない箇所であるため時間が短い。そのためパーティーでの興奮を持続するため，DJクールハーク同じ2枚のレコードを用意し，それにターンテーブルとミキサーを使ってブレイク部分を延々と繰り返し再生するテクニックを生み出した。ブレイクビーツは，再生して聴くだけに過ぎなかったレコードのサウンドを，自らの音楽表現の材料として利用する方法を切り拓いていったのであった[10]。

またブレイクビーツの応用として「メリーゴーランド」と呼ばれた，異なる曲のブレイクをつないでいくテクニックも開発された。それはターンテーブルに付属していた機能を応用する，いわばテクノロジーの逸脱した利用法を生み出した。異なる曲はテンポも異なっている。そのテンポを同じに調整しないと，別の曲を再生したタイミングでパーティーの参加者に違和感を感じさせてしまうことになる。そこでDJたちは，従来反ったレコードを通常のサウンドで再生するため，ターンテーブルの回転数を微調整するために備え付けられたピッチコントローラーを利用することで，異なるテンポの曲をスムーズに再生するアイデアを生み出した。

さらにDJたちは，2台のターンテーブルとミキサーを使い多様なテクニックを生み出していくことになる（図2.6を参照）。その一つがDJプレイの代表的なイメージとなっている「スクラッチ」である。スクラッチとは，再生されているレコードを回転方向と逆に戻し，また回転方向に出すを繰り返すこと

図2.6 基本的なDJ機材のセッティング

で打楽器的なサウンドの効果を生み出すテクニックである。「バックスピン」とは，レコードのある部分を繰り返し再生するテクニックである。レコードを戻すときには，ミキサーによってその際に出るノイズを消す。「パンチイン」とは再生されている曲に別の曲の一部分を，ミキサーを使用し瞬間的に重ね合わせるテクニックである。

　また DJ テクニックの進化は，従来の DJ の役割を変化させた。先述したようにこれまで DJ は，音楽を再生しパーティを盛り上げるいわば司会者であった。しかし，DJ のテクニックが進化すると，DJ は言葉によるパフォーマンスを行う余裕がなくなる。そのために，言葉をリズミカルにのせパーティーを盛り上げ統括する専門家である MC（マイクコントローラー，マスターオブセレモニー）が登場する。こうしていわゆる DJ と MC のチーム（クルー）による形態のラップ音楽（Rap）の原型が誕生することになった。ラップはニューヨークの貧しい地区の若者たちに人気を博した[10]。

　DJ たちの逸脱したテクノロジーの利用は，テクノロジー自体の仕様の変更に結びついていく。当初ピッチコントローラーは 45，33 と二つの回転数別に設置された円形のつまみを「＋」と「－」に動かして調整する仕様であったが，1979 年に発売されたテクニクス社の SL-1200Mk2 は，ピッチコントローラーの仕様を，一つにして数値の目盛り（±6％）のフェーダーにすることでより調整をしやすいものに変更したのであった。

　こうして DJ は，テクニックの発展によって，ターンテーブル，ミキサー，レコードというメディアの再生のテクノロジーをいわば「楽器」として使うようになった。一曲を全部ではなく（普通に再生するのではなく），レコードのサウンドの一部を切り出し（カット），再編集（ミックス）を即興的に行う，演奏者的な活動を行うようになった。こうした実践は総称して**カティンミックス**（Cut'n Mix）と呼ばれるようになった。それは，自己完結し自律化したレコードのサウンドを，即興的に断片化しそれを再編集するという（一部だけ取り出してそれをミックスする）DJ イング（DJ のプレイ）のスタイルの始まりであると同時に，レコード作品としての同一性の解体を意味していた。

このカティンミックスの実践は,「サウンドの快楽」に基づいた音楽制作であった。DJ が, 曲全体ではなく, 聴衆 (客) がのれる, 自身が格好いいと思った部分をカットしてミックスするわけだが, その行為はオリジナルの作者の意図とは別に, DJ や聴衆の感覚的な聴き方に基づく解体と再構成, または編集なのである。この意味で DJ の実践は, 楽譜の時代から録音複製技術の時代を経て強化されたメディアの音楽作品の同一性を根本から揺るがしたという点に関して, 今日の音楽文化において重要な意味を持っているのである。

2.2.2　ラップの商業化と世界音楽経済システムとのコンフリクト

1970 年代末になると, 若者に人気のあるラップをニューヨークの地元の独立系レーベル (小規模：インディーズ) が商業録音を始めた。ラップが音楽関係者の関心を集めたのは, DJ が生み出すサウンドではなく, 曲中リズミカルに韻を踏んでしゃべる MC の部分であった。その中でシュガーヒル・ギャングが 1979 年に発表した「ラッパーズ・ディライト」はある程度の商業的な成功をおさめ (ビルボードの R&B チャートで 4 位), ニューヨークの貧困地域のローカルな音楽文化であったラップが, その外部に知られるきっかけを作ったが, このグループは, レコードを制作するためにいわば即席に結成されたグループであったため, DJ のメンバーは存在しなかった[11]。

「ラッパーズ・ディライト」に代表される初期のラップのレコードにおけるパフォーマンスは, パーティーのそれとは大きく異なっていた。その変化は「レコードを作る」ことに起因するものであった。「ラッパーズ・ディライト」のトラック (演奏部分) は, 当時の DJ も頻繁に利用したシックの 1979 年のヒット曲,「グッド・タイムス」のブレイクを基本にしていたが, あたかも DJ がブレイクビーツを作ったかのようなサウンドを, スタジオミュージシャンによる演奏によって再現したものであった。

そのため「ラッパーズ・ディライト」作者は,「グッド・タイムス」の作者がクレジットされている。「ラッパーズ・ディライト」は, オリジナルと比較

2.2 レコード作品における同一性の解体 43

すると曲の構造自体変化しているが,「グッド・タイムス」のカバーバージョンとして法的には処理がなされた。そこから明らかなのは,レコード会社は,DJ が作り出す既存のレコードを使ったサウンドで,新しいレコードを作ることが,果たして権利関係に抵触しないか,判断できなかったということである。

　ラップはしだいに音楽産業に取り込まれる過程で,これまでサウンド制作の専門家であった DJ はスタジオでさまざまな機材に触れ,自分たちなりに機材を使いこなすようになる。しかしながら,レコード制作となると「ラッパーズ・ディライト」のように,トラックの制作は,DJ 的にレコードのサウンドを利用するのではなく,既存のサウンドのカバーとして,実際の演奏やシンセサイザーのシーケンサー(自動演奏のプログラム)を利用した打ち込みによって行われた。つまり,従来のレコード制作と同じ手順で行われたのであった[11]。

　こうした状況が変化するのは,演奏部分の制作にサンプラーが利用されるようになってからである。サンプラーとは,あらかじめ記録(録音)した音を音源として使う録音再生装置・楽器である。録音は PCM (pulse code modulation, パルス符号化変調) 方式によるディジタルであったため,波形を操作してサウンドの加工も容易に行うことができた。

　当初は高価であったサンプラーも,録音時間の延長と高音質化(数秒から 10 数秒,8 ビットから 12 ビット 16 ビットへ)と,低価格化によって数多くの DJ たちにも利用されるようになった。DJ たちにとってサンプラーはいわば「自動ブレイクビーツ生成装置」として利用された。まず,異なるレコードから好みの部分をサンプル(録音)し,サンプルしたそれぞれの音にエフェクターをかけたりして加工する。それぞれをどのように演奏(再生)するかをプログラムし(サンプラーのシーケンス機能)すべてのトラックを再生させて録音することで異なるサンプルがミックスされ,トラックとなるサウンドが生成される。DJ のピート・ロックはサンプラーを利用した音楽制作について以下のように述べている。「(サンプラーを使って)レコード作るのも DJ やるのも

大した違いはない。どっちもビートや何やらをカットしてつなぎ合わせるんだから」[10]。このビート・ロックの発言は、DJがターンテーブルを使った手法を、スタジオの電子楽器により技法を拡張させながらも、基本的には同じアイデアでサウンドを制作していたことを述べている。

　レコードを使用する場合とサンプラーを使用する場合との相違は、後者の方がはるかに既存のサウンドの加工がはるかに緻密化していることであろう。例えば、パブリック・エネミーの「レベル・ウィズアウト・ア・ポーズ」(1989年)は、ジェームス・ブラウンの「ファンキー・ドラマー」(1972年)のブレイクをサンプリングしブレイクビーツにしているが、そのテンポを遅くし、そこにリズムマシン（演奏パタンをプログラムできるドラム音の自動演奏装置）を重ね、多様なレコードからサンプルしたサウンドをコラージュしている。既存の音源を感覚で切り取って編集するのは同じだが、DJの手によるターンテーブルとミキサーでは不可能なサウンドを生み出しているのである。それは既存の録音を素材として使い編集を通じて作品を作るという手法は、ミュージックコンクレートやザ・ビートルズが行ったアプローチと共通している。

　トラック制作にサンプラーの使用が一般化した1980年代後半、ラップは巨大な市場を形成するようになった。そのため、音源使用に関する訴訟が相次ぐこととなった。それは、**サンプリング**された作品の権利所有者（作曲者、レコード会社など）が、クレジットされず、使用料も払われないことに対する不満によるものであった。多くの場合は、法廷に持ち込まれる前に示談によって、ラップのアーティスト側が高額な使用料を支払う形で処理された。

　数少ない法廷で争われたケースの代表は、1991年にビズ・マーキーがギルバート・オサリバンの「アローン・アゲイン」の使用を巡る裁判であった。連邦裁判所が下した判決は、「汝盗む事なかれ」というキリスト教的な倫理観に従った内容で、被告のビズ・マーキーを厳しく非難するものであった。これは、サンプリングが素材としての既存の音源を加工し変形させても、法律上は著作権の侵害、つまり著作権所有者の承認を得ない「不法な複製」として扱われたことを意味する。この判決で示された法的な見解は、サンプリングは、誰

かのCDを焼いて勝手に売ることと同じであり，創造性は認められないということである。被告であるビズ・マーキーは敗訴した結果，問題のサンプルを削除し，それを含むアルバムの市場からの回収を命じられることとなった[10]。

　この敗訴によってサンプリングを行う際には，サンプリングされる楽曲を法的に問題ないように使用する必要に迫られる。そのための手続きは，法律事務所を通して行われるようになった。クライアントであるレーベルやプロデューサーは作品のテープ，サンプリングに使用した曲のリストを法律事務所に提出し，そのリストに従って，使用料を支払う仕組みとなった[10]。

　そのためサンプリングによるトラック制作は，莫大なコストが発生するようになった。フェルナンドによれば，ラップ・アルバム作成にかかるサンプル許諾料は平均約30 000ドルまで高騰し，制作に大きな影響を与えることとなった[10]。サンプリングに使用する曲は，それぞれ使用料が異なり，制作費とのかねあいで，使いたいけど使うと高い楽曲ならば使えないという状況が発生する。こうしてサンプリングによる楽曲制作は，潤沢な制作費がある一部の有名なアーティストを除けば，しだいに下火になっていくこととなる。

　サンプリングに対する制約が強化された2004年に一つの騒動が起きた。それはDJデンジャー・マウスによる『ザ・グレイ・アルバム』が発表されたことである。『ザ・グレイ・アルバム』は，ラップのアーティストであるジェイ・Zのアルバム『ブラック・アルバム』（2003年）のラップにザ・ビートルズのアルバム『ホワイト・アルバム』のトラックをサンプリング＆ミックスして作られたトラックを重ねた作品であった。

　大手レコード会社であるEMI（ビートルズの録音物の権利を持っているレコード会社）が，使用料不払いを理由に，『ザ・グレイ・アルバム』発売の差し止めを訴え，発売停止させた。その一方，ロッカフェラ・レコード（ジェイ・Zの楽曲を所有するレコード会社）は，EMIと異なりそうした行動を起こさなかったのは興味深い。

　このEMI側の動きに対して，「灰色の火曜日」という抗議運動が展開されていった。この運動は，アルバムの楽曲をwebにアップロードして自由にダウ

ンロード，独立系ラジオ放送局で放送したものである．運動側の動きには，作品はすばらしくそのアイデアもすごい，多くの人に聞いてもらうべき「価値のある作品」を公表する意図と，今日サンプリングは，多額な制作費を捻出できる大手レーベル所属の有名アーティストしか自由な作品は作れないことに対する抗議であった．EMI 側は，運動に対してもしかるべき手段をとると警告した[1]．

既存の楽曲が新しい作品を生み出す基盤であることは，間違いない．しかしながら，『グレイ・アルバム』に代表されるサンプリング問題は，音楽の新たな創作とそのテクノロジーの利用に対し，いまだに法整備が不十分である現状を物語っている．その問題は，世界音楽経済システムの中核にある現行の法的な制度と価値観が，作品の同一性と所有に関して権利所有者側の権限があまりにも強いため，それを利用しようとする側にとっては新しい創作の阻害要因となる，不平等を生み出すものであることを示している．残念なことに，現行の著作権を含む知財関連の法制度は，音楽のみならず，人間がこれまで築き上げていた膨大な知から新しい知を生み出してきたという，人間の歴史の「自然な」知的な営為を阻害することに繋がる危険性をはらんでいると考えられないだろうか．

2.2.3 マルチモーダル化する音楽

1980 年代は音楽がメディア化されることで達成した，独立性を動揺させる事件が起きた．それは**ミュージックビデオ**（現在のプロモーションビデオ）が一般化したことである．従来レコードやラジオなど，サウンド中心の音楽受容が，しだいに映像的な要素が重要な意味を持つ体験へと変化していった．とはいえ，音楽と映像との関係は映画にサウンドが付与されるようになったトーキーの時代までさかのぼれるように，決して新しいものではない．例えば，カントリー歌手のジミー・ロジャースの楽曲にちなんだ短編映画も 1920 年代から制作されている．また 1950 年代のロックンロールの爆発的な流行には，テレビの存在が重要であったし，1960 年代には，ロック系のミュージシャンが

2.2 レコード作品における同一性の解体

散発的に楽曲を入れた映像作品を制作している。その意味ではミュージックビデオは決して新しいものではない。

しかし，ミュージックビデオが革新的であったのは，これまでもっぱらサウンド中心だった音楽の受容から映像と音楽がセットになった受容がより一般化したことである。その契機となったのは1981年アメリカ合衆国のケーブルテレビ局であるMTV（Music Television）の開局であった。MTVは，24時間ミュージックビデオをひたすら放映した。そして1980年代は家庭用ビデオデッキが普及した時期でもある。音楽好きの視聴者は単に視聴するだけでなく，放映されたミュージックビデオを録画しそれを鑑賞するようになった。なかにはダビングして再編集し，自分のお気に入りのミュージックビデオ集を作った人々も存在した[12]。

ミュージックビデオの一般化に伴う音楽の受容は，メディアを通じた音楽の受容＝サウンドの受容という構図を大きく揺るがした。山田が指摘しているとおり，ポップアートの世界で展開した実験的なビデオアートからの影響によって，ミュージックビデオには，「映像の音楽化」ともいうべき映像表現が多様化し，斬新で刺激的な映像が登場し，受け手に新鮮な驚きを与えることとなった。ミュージックビデオとは音楽と映像がセットになった新しい音楽メディアの表現形態であるといえるだろう。そしてミュージックビデオの急速な普及は，以降音楽が映像とセットで受容される状況をより強めていくことになった[13]。

こうしたミュージックビデオの登場と普及により，視覚と聴覚という複数の感覚に訴える**マルチモーダル**な音楽コンテンツは，音楽の受容に大きな影響を果たすようになった。メディアの音楽は聴覚的サウンドのみで成立するものから，視覚的な要素が埋め込まれたものへと変化していった。そこには，かつてサウンドのみに耳を傾けて聴取するあり方は，今日では主要なものではなくなっている状況を見て取ることができるだろう。その動向は，ディジタル化の時代により加速化していくことになる。

2.3 ディジタル化と世界音楽経済システムの動揺

2.3.1 ディジタル化による世界音楽経済システムの動揺

　前述したラップにおけるサンプリング問題には，サウンドのディジタル化が大きく寄与していることは疑いない。ディジタル化の音楽文化における主要なインパクトを一言でいうのならば，データのみで存在できることである。そのため従来，楽譜・レコードといったモノとしてのメディアの特質と存在に束縛されないことである。つまり，CDでもDVDでもハードディスクでも，インターネット上でもディジタル化されていればメディアに関係なく存在できるのである。また，このようにメディアの特質と存在に束縛されないということは，同時にメディア間の移動（複製）による劣化がないことをも意味している。

　さらに従来のメディアの制約であった物質性がその存在の前提とならないため，インターネットの普及に伴うディジタル環境が拡大していく中で遍在することになる。そして人々は必要に応じて，遍在する音楽データを，さまざまな機器によって引き出し利用できる環境となっている。井手口はこうした状況を踏まえて，音楽は「所有」されるものから「参照」されるものへと変化したことを指摘している[14]。音楽が楽譜，レコード，CDといったコピーされたモノとして所有されてきた状況とはまったく異なる形でわれわれの生活の中に存在するようになったことを意味している。

　もう一つは，先に見たサンプリングのように，ディジタル化されたサウンドは加工や編集が容易なことである。これまで送り手がほぼ独占してきた既存のサウンドを加工し利用するための高価なハードウェアは，梅田が「チープ革命」と呼んだICT関連の機材やサービスの著しい低価格化によって高度なテクノロジーをアマチュアでも容易に入手することが可能となったのである[15]。パーソナルコンピュータ（以下PCと記す）一台とシーケンスソフト（もともとは，外部の音源，シンセサイザーなどを鳴らすための演奏のプログラムであったが，その後ディジタル録音と編集，そして異なる録音トラックのミック

スダウンが行える）を基盤としたDAW（Digital Audio Workstation）の普及によって，従来数千万円のコストをかけて揃えた機材が，わずか数万円で所有し利用することができるようになった。またサウンドのディジタル化によって，サンプラーのようにサウンドの加工だけでなく，映像など他のディジタル化されたコンテンツと組み合わせることが，少々の知識とコストで誰でも可能となった。

これらのディジタル技術の潜在力が音楽文化に行き渡り，爆発的な影響を与えたのは，サウンドのディジタル技術が，PCとインターネットの普及を通じて，個人でも容易に利用可能となったことにある。日本におけるPCの世帯普及率は，1990年にはわずか10.6％に過ぎなかったが，2010年には単身世帯では87.2％を記録し，インターネットの世帯利用率は，1996年にはわずか3.3％に過ぎなかったが，2010年には93.8％を記録している。

PCとインターネットの普及は，レコードの時代を経て盤石となった感があった「世界音楽経済システム」を基盤とした音楽産業にとって，二つの意味で危機的な状況をもたらすこととなった。一つ目は劣化のないコピーの作成が一般の人々にも可能となったことである。先述したようにレコード産業は，録音複製技術，つまり同じ音質のコピーを作る技術をほぼ独占することで，レコードを情報財（情報自体にある価値）としての価値をもとに販売し利益を得ていた。PCの普及以前の受け手は，1970年代のカセットテープの普及を契機にコピーが可能となったが，その場合，必然的に音質の劣化が伴っていた。またカセットテープへのコピーは，そのソースであるレコードやCDの再生時間と同じだけの時間が必要であった。

PCの普及によって劣化のないコピーの作成が一般の人々にも可能になると，高音質のコピーであったレコード，CDの情報財としての価値が消滅することとなる。PCではCDに記録されたサウンドをデータのファイルとして認識するため，そのままハードディスクにコピーすれば劣化のないコピーをしかも短時間に行うことが，所有者は誰でも可能となった。さらにそのハードディスク

にコピーしたファイルを別のディジタル媒体（CD-R など）に劣化なくコピーすることも容易となった[1]。

　二つ目は，個人が作成したコピーをこれまでと比較にならないほど広範囲に届けることが可能となったことである。その顕著な例は，ファイル交換（共有）ソフトの登場である。**ファイル交換ソフト**とは，インターネット上でさまざまなファイルを複数のユーザーの間で共有することを目的としたものである。その中核にあるのは P2P（ピア・ツゥー・ピア）の技術で，ネットワーク上の他のコンピュータに対してクライアントとしてもサーバとしても働くようなノードの集合によって形成されるものを指している。ファイル交換ソフトは，同じソフトを使っているインターネット上のユーザー同士が持っているサウンドファイルを劣化なく「交換する」ことを可能にした。増田・谷口らが述べているように，それは自分が持っているものを他人に渡した後なくなる通常の交換というよりは，「交換」の数だけコピーが増殖するので，ネットワークを利用したコピー行為といえる [1]。

　ファイル交換ソフトは，世界的な PC・インターネット普及期であった 2000 年前に数多く登場している。その代表として 1999 年にはナプスター，2000 年にはグヌーテラなどが登場した。特にナプスターの最盛期（2000 年初頭）の利用者数は 8000 万人ともいわれている。これはレコード産業が独占していた大量のコピーを広範囲にわたって人々に流通させるに匹敵するネットワークを，従来の受け手が獲得したことを意味している[16]。

　送り手／受け手のさまざまな格差，特に技術的な格差の存在を基盤とした世界音楽経済システムに立脚して利益を得てきたレコード産業にとって，劣化のないコピーとその広範な媒介という，従来独占していたアドバンテージが従来の受け手でも可能になった現状は，脅威以外の何ものでもなかったと思われる。

　そうしたレコード産業の意識は，劣化のないディジタルコピーが多くの人々に可能となったことが，レコード産業の売上を著しく低下させている「元凶」となっているというヒステリックな主張に基づくコピー対策に現れていると思

われる。その対策は大きく分けて二つに大別される。一つは法的な手段を用いたものである。それはデジタルコピーに関するサービスまたは利用している人々を見せしめに訴えるというものである。その代表は，1999年にアメリカレコード協会（RIAA）が，著作権侵害を理由にナプスターを提訴した一件である。2000年にはシステムの停止を命ずる判決が出され，その後ナプスター側は上告するが敗訴した。しかしながら，その後もインターネット上には多様なファイル交換ソフトやサービスが後を絶たず展開している。

　もう一つの手段は，技術的にディジタルコピーを不可能にするものである。2002年に日本ではコピーガード付CD（copy controlled compact disc, **CCCD**）が大手レコード会社を中心に発売された。CCCDとは，パソコンではコピーできないように，特殊な信号が組み込まれたCDを指す。しかしながら2004年に大手レコード会社がCCCDの販売を停止したことに見られるように，この対策は失敗に終わった。

　その理由の一つ目は，CCCDに対して，多くの消費者から不満が噴出したことである。例えば，CCCDがWindows以外のPCや一部のCDプレイヤーでは再生できないにもかかわらず有効な対策を行わなかったり，音質が悪いという問題があったりと多くの問題を含んでいた。

　受け手に関するCCCD問題の中で最も重要なのは，日本の法律で認められている私的複製の権利を剥奪していることであった。私的複製権とは著作権法第30条において「著作権の目的となっている著作物は，個人的に又は家庭内その他これに準ずる限られた範囲内において使用すること（「私的使用」という。）を目的とするときは……その使用する者が複製することが出来る」と規定されている。そのためコピー（複製）ができないCCCDは，私的複製権を不当に奪っていると非難された。

　理由の二つ目は，数多くのアーティストがレコード会社のこうした動きに反発したことである。ロック歌手の佐野元春や山下達郎のようにCCCDが抱える音質の問題によって採用を拒否し反対するアーティストも数多く登場した。

三つ目の理由は，CCCD が目論んだ技術によるコピーの防止は，新しい技術によって破られたことである．CCCD が発売されるやいなや，そのデジタルコピーを可能にするソフトが生み出された．テクノロジー的に規制を行っても，特にディジタル時代には，技術的な障壁もすぐに乗り越えられてしまう運命にあるといえるだろう．

こうして過剰ともいえる CCCD によるレコード産業のコピー対策は，失敗に終わっただけでなく，今日にも残る受け手やアーティストの不信感を生み出すこととなった．

2.3.2 アーカイブとしてのインターネットと創作活動の活発化

サウンドのディジタル化による音楽文化への影響は，従来であれば受け手側にいた多数の人々が，送り手となったことである．今日では「チープ革命」によってディジタル音源を操作，加工する高度なテクノロジーが一般に行き渡ることによって，数多くの創作者と作品が生み出されるようになった．かつては，世界音楽経済システムによって作られた送り手／受け手の格差を生み出した送り手側が独占していた録音・編集技術が一般の人でも容易に利用できるようになったことで，両者の格差を縮小させることに繋がっていった．

その象徴といえるのが**マッシュアップ**（mash up）と呼ばれる作品群である．マッシュアップとは「混ぜ合わせる」という意味で，今日では，複数の異なる提供元の技術やコンテンツを複合させて新しいコンテンツやサービスを形作ることを指すが，ミュージックビデオのように，既存の音楽作品やサウンドと映像を加工編集して新たにマルチモーダルな作品が，数多くのアマチュアによって制作されるようになった．

またこうした作品群を媒介する多様なチャンネルが一般の人々にも開かれた．特に 2000 年代中盤に登場した「YouTube」や「ニコニコ動画」（ニコ動）に代表される **CGM**（consumer generated media）に，個人が作品をアップロードし公開することで，従来とは比較にならないほど多くの人がその作品に触れる機会が生み出された．

2.3 ディジタル化と世界音楽経済システムの動揺

マッシュアップの増加の背景には，ICT環境の充実によってディジタル化されたあらゆる音楽ファイルが偏在し必要に応じて「参照する」ことが可能となった状況がある[14]。そのためマッシュアップの制作者にとっては，インターネット上はそのための材料となる「ネタ」を見つけ，引き出してくるための安価で巨大なアーカイブである。そこから検索をかけて，映像やサウンドをダウンロードし，ネタを加工し自分の作品を作り出していく。このようにICTの発達は，こうした新しい創作活動を活発化させる環境を生み出しきたのである[17]。

今日では無数の作品が制作されるマッシュアップの実践の中で起きた興味深い事例を二つ紹介したい。一つは2004年に日本で起きた「恋のマイアヒ」のヒットの過程である。「恋のマイアヒ」は，日本でのタイトルで，もともとはモルドバのグループであるオゾンが「菩提樹の下の恋」(2003年)というタイトルで，ルーマニアで制作され販売された作品であった。興味深いのは，オゾンはその出身国であるモルドバ，そしてルーマニアの国際的な音楽市場ではほぼ無名の存在であったことである。2003年ルーマニアを皮切りに，ヨーロッパでローカルにヒットしたとはいえ，従来グローバルなヒットは，ほとんどがグローバルな制作・販売網を持つ大手レコード会社に所属するアメリカ，イギリスのアーティストだったことを考えると，ルーマニアのような「小国」のローカルな音楽がグローバルにヒットしたのは，ある種，異例ともいえる現象であった。

従来であればヒットするどころか知られるべくもない楽曲が日本でヒットしたきっかけを作ったのは，「マイアヒのネタ化」ともいうべき，アマチュアのクリエーターによる「マイアヒ」のマッシュアップの制作であった。谷口は，マッシュアップの特徴として，ある楽曲や映像の一部がオンライン上で共有され（おもしろがられ），その共通の素材をネタとして利用した創作が活発に行われていることを指摘している[17]。

ルーマニア語で歌われた「恋のマイアヒ」は，まずインターネット経由で伝えられると，日本語の「空耳」で聞き取った支離滅裂な内容がネットユーザーでおもしろがられ，その空耳の内容を表現した（ネタにした）Flashの動画と

楽曲のマッシュアップ作品が2004年秋にオンライン上で公開されると，次々に同様の作品が生み出されて公開され，多くの人々に知られることとなった。

オンライン上で話題となった「恋のマイアヒ」は，その後マスメディアの関心を集めることとなった。2004年10月にZIP-FMが「恋のマイアヒ」をヘビーローテーションすると，大手レコード会社のエイベックス社が「恋の呪文はマイアヒ・マイアフ」というタイトルでそのリミックスが，ダンス音楽のコンピレーションのアルバムに収録された。これは，楽曲の権利を取得したエイベックス社が，その重要な市場であるダンス音楽として売ろうと考えたためであった。2005年3月にはエイベックス社からオゾン単独の国内盤アルバム『恋のマイアヒ』というタイトルで発売され，6月には「恋のマイアヒ」というタイトルが付けられ，テレビ朝日の音楽番組「ミュージック・ステーション」で紹介される。その後「着うた」で大ヒットし（500万ダウンロードは着うた販売の記録となった），7月にはオゾンが同番組に登場することとなった。結果「恋のマイアヒ」は日本において，2005年にCDが80万枚を売上げを記録し，着うたでは初の100万DLを記録する商業的成功を収めることとなった。

ネタ化されることで「恋のマイアヒ」がヒットした事例は日本だけではない。アメリカでは2004年12月に，「恋のマイアヒ」にゲイリー・ブロルスマが踊りを付けたFlashのマッシュアップ作品である「numa numa Dance」がYouTube上にアップされると，日本と同様におびただしい数の派生的な作品がアップロードされ注目された。ゲイリー自身はテレビにも出演することとなった。その後2008年にはラップアーティストのT.I.が「恋のマイアヒ」をサンプリングした「Live Your Life」（邦題：マイアヒ・ライフ）を発表し，アメリカの代表的なヒットチャートであるビルボードで1位を獲得した[18]。

グローバルな「マイアヒ現象」は，ディジタル時代においては，大手レコード会社を含むマスメディアやプロのクリエーターだけではなく，インターネットでネタを受容・共有しマッシュアップを作るようなアマチュアクリエーターの活動も，音楽を媒介する重要な担い手となっていることを示している。これまで述べてきたように，ディジタル時代の音楽文化は，送り手と受け手の格差

の縮小を促進し，従来受け手側であった存在が送り手としての機能や役割を果たすようになってきたのである．それはマッシュアップのクリエーターが，アルビン・トフラーが先駆的に述べた**プロシューマー**（生産消費者）としての役割が新たに生み出す作品やアイデアが，今日のメディア産業の中でますます無視できないものになっていることを物語っている[19]．

もう一つの事例は，2008年に日本の音楽ユニットであるムーンバグ（Moonbug）が発表した「StarrySky YEAH! Remix」である．「StarrySky YEAH! Remix」はフランスのアーティストダフト・パンクの「Technologic」（2005年）とアメリカのラップグループであるビースティー・ボーイズの「Ch-Check It Out」（2004年）日本人ユニットのカプセルの「StarrySky YEAH!」が使用されたマッシュアップ作品である．2008年3月にCGMのニコ動に投稿されたあと，大きな反響を呼んだ．

そして同年の4月には，全農連Pが「StarrySky YEAH! Remix」に演歌歌手である吉幾三の「おら東京さいくだ」（1984年）のボーカルをマッシュアップした「吉幾三 × Capsule × DaftPunk × BeastieBoys StarrySky－IKZOLOGIC Remix」がニコ動に投稿された．当時「おら東京さいくだ」は，数多くの作品を生み出したマッシュアップのネタとして使われた曲であった．この作品はいわばマッシュアップのマッシュアップでともいえる作品であった．

このニコ動に見られたオンライン上で連鎖的に創作が行われることを濱野は**n次創作**と呼んでいる[20]．n次創作とはいわゆるオタクの世界で行われる既存の作品の引用と改変を通じた創作活動を示す「二次創作」からヒントを得た概念である．n次創作が既存の引用と改変と異なるのは，従来のあり方が派生する作品があってもオリジナル作品に最上位の価値を与える系統図的な「一次ホップ」であるに対して，n次創作ではそれが縦横無尽に繰り広げられる，より複雑な「n次ホップ」という形態を取る．その際，多様な創作を結び付けるハブとなる部分が重要になってくる．そのハブとなるのが吉幾三の「おら東京さいくだ」のようなネタである．

こうしたn次創作は今日，ニコ動やYouTubeのようなCGMを舞台に活発に

展開している．その代表的な事例が「初音ミク」である．初音ミクは2007年にクリプトン・フューチャー・メディアから発売された女声のDTM用音源ソフトと女性キャラターで，「ボーカロイド」と呼ばれる．女声というサウンドとキャラクターという視覚の両方を提供した初音ミクは，ニコ動のようなCGMにおけるn次創作の「ハブとしてのネタ」としてはうってつけであったといえる．一般に「ボカロP」と呼ばれる作者が作成した音楽作品には，別の誰かが作成した初音ミクのイラストやCGとマッシュアップされた作品がアップロードされるだけでなく，曲自体のリミックスも行われたり，「踊ってみた」と称されるボカロPの音楽作品に自分が踊った映像をマッシュアップしたり，「歌ってみた」と称されるボカロPの作品を実際に歌った映像をアップロードした作品群など，初音ミクを巡って無数の創作活動が今日でも行われている．

また，レコード産業外で行われた草の根的なn次創作もまた，レコード産業の関心を集めることとなる．数多くの視聴数を獲得した作品のボカロPは，大手レコード会社から自分の作品をリリースすることも珍しいことではなくなった．

2.3.3　世界音楽経済システムの危機？

これまで見てきたように，レコード時代に世界音楽経済システムを強化した送り手と受け手の間の技術的格差が，1990年代末ICTの普及（インターネットファイル交換ソフトとディジタルコピーの普及）によって，実質上崩壊し，無料で楽曲を共有することが可能となった．送り手であるメディア産業は，こうした受け手側による音楽の**再パブリックドメイン化**ともいえる動向に対して，DJデンジャー・マウスの例で見てきたように，より受け手のコントロールを強化し始めている．ドキュメンタリー番組である『リミックス戦争』（原題：RiP: A Remix Manifesto，2008年カナダ制作）では，産業と人々が音楽の利用を巡ってせめぎ合う状況を描いている．番組ではあるアーティストのアルバムを違法ダウンロードした人が，レコード会社側からの示談で一曲750ドルを請求されたり，また示談を断って裁判となった際，購入すれば24曲で8.99

2.3 ディジタル化と世界音楽経済システムの動揺

ドルのアルバムをダウンロードした女性が，22万ドル以上の罰金を支払うことを要求され困惑している様子を伝えている。

　ICTの普及に伴う世界音楽経済システムの動揺は，結果としてその根本となる著作権制度，さらに，特定の組織（メディア産業）が経済的な欲望のため人類の知を独占しているという問題を露呈した。こうした知的財産の私的所有の強化ともいえる動向に対して，著作権を保持しながら，その利用と再配布と改変をすべての人に開く，という考え方を「コピーライト」をもじって「コピーレフト」という。これは制度として個人の権利も認めつつ，万人の自由な利用をも認める人類の知的財産のパブリックドメイン化を目指すものである。コピーレフトのアイデアを基盤にスタンフォード大学のローレンス・レッシグを中心に2001年，**クリエイティブ・コモンズ**という団体が誕生した。クリエイティブ・コモンズは権利を盾にした音楽を含む知的財産の独占を阻止するために誕生した。クリエイティブ・コモンズの特徴は作者＝著作権所有者が，その二次利用を自分自身で決定できる点にある。その利用方法は，クリエイティブ・コモンズ・ライセンスと呼ばれる著作権者が決定した二次利用の範囲が明示されている。それは増田が述べるように「著作物の取り扱いにおける法的な曖昧さを排除し，自分の作品をきっぱりと公衆に譲り渡し，「創造の共有地」を開くための運動だった」のであった[21]。しかしながら，今日の現状を見る限り，その利用はまだまだ限定的なものに過ぎない。その背景には自分の作品を著作権者がクリエイティブ・コモンズ・ライセンスしたことによるインセンティブが不足していることがあると八田は指摘する。八田によれば，クリエイティブ・コモンズのようにオープンソース的な著作物が成功した要因の一つは，その改編に関して利用者の制限を課すようにしないことで，ビジネス的に成功を収めることができるということであった。オープンソースを（二次）利用して利益を上げることができることから企業が積極的に参入したことが成功の背景にある。その意味で著作物の利用に関する制限が多いクリエイティブ・コモンズは，利用することで生まれる企業のインセンティブが低いことから，その広がりが限定的となっている[22]。

2.3.4 ソーシャル化する音楽

しかし，音楽文化における再パブリックドメイン化は，確実な広がりを見せている。それはこれまで述べてきたように，音楽が貨幣の交換を前提としない状況が，オンラインの世界を中心とした，おもに音楽産業の外部で起きてきたからである。また，これまで見てきたマッシュアップの作品やボカロPの作品など当初からCGMを通じて無料で提供されてきた。また，販売目的で楽曲を制作してきた従来のレーベルとはまったく異なり，オンライン上での無料の楽曲配布（多くはクリエイティブ・コモンズのライセンスがつけられている）を基本としている「ネットレーベル」，それに先行して無料でアレンジ曲やオリジナル曲を配布してきた「同人音楽」などが，今日の日本の音楽文化で発展している。

音楽文化の再パブリックドメイン化の中でメディア化された音楽の価値が大きく変化している。その背景にあるのは，これまでの音楽文化を支えてきたコピーの持つ意味が，ディジタル以前と以後で大きく変化したことがある。遠藤は，今日の複製技術が，ディジタル技術とネットワーク技術という二つの技術を基盤としていること，そしてその複製は，それ以前の版と印刷からCDに続く同一なモノが複製される「機械的複製」ではなく，まるで遺伝子のように変化を伴う「生命的複製」に変化したことに注目している。遠藤は，これを「メタ複製技術」と呼んでいる。ディジタル時代のメタ複製技術は，n次創作に見られるように，多くの人々の参加を呼び起こす自発的な社会運動としての性格を持つ[23]。

この遠藤の指摘は，メタ複製技術時代の音楽が，かつて音楽が労働や宗教的儀礼など社会的活動という「コト」と不可分であったように，いわばソーシャルなネットワークを生み出すコトとしての性格を再び持ちはじめたことを意味している。最近では，音楽が生み出すネットワーク上のバーチャル「コト」は，かつてとは逆にイベントの開催によってリアルなものに転化されているという[24]。増田・谷口らは，レコードの音楽が自律化すると，ライブ（現実）がレコード（メディア）の写しとなる逆転現象を指摘したが[1]，今日のディジ

タル環境ではこうした「逆転現象」がより広汎に及んでいる状況にあるといえる。バーチャル／リアルにまたがる今日の音楽文化の空間は，レコード時代の初期に強調されていた，メディア≒ニセモノ／演奏≒本物というような価値の上下関係よりも，連続性を持ちながら場の特性に基づいて機能分化していると理解できると思われる。

これまで見てきたように，生命的複製が行われるメタ複製技術の時代，音楽はメディア化されることによる作品の独立性と同一性をもはや保持できなくなっている。そして，その商品であるCDをはじめとしたコピーの情報財としての価値も著しく低下した。その結果，世界音楽経済システムは，窮地に立たされることとなった。その代わり音楽作品は，ノードとして個人の表現を喚起し生み出しソーシャルに共有されることで，かつてあった社会的な価値を取り戻していると理解できるのではないだろうかと思われる。

2.4 音楽メディアと音楽文化のこれから

音楽の「モノ化」は，レコードの時代になると，レコードという録音されたサウンドの同一性を確実に複製するメディアの登場と，録音複製技術の社会的配分を通じて，録音と複製は送り手，そして再生のみが受け手との格差が拡大したことによって，世界音楽経済システムはますます強化されていった。

そしてディジタル時代になると，テクノロジーの社会的配分が生み出す送り手／受け手間の格差が急速に縮小することによって，盤石の基盤を構築してきたといえる世界音楽経済システムは大きく動揺することになる。そして音楽を含む知的財産の私有と共有が今日の社会では大きな問題となり，その新しい仕組みが求められている。

音楽のメディアは，特に近代以降作品の商業的かつ美的な価値を保持するために，同一性の保持と内容のコントロールを至上命題としてきたといえる。しかしこれまで見てきたように，その両者はディジタル化の時代には，もはや不可能な状況となっている。変形を伴う複製というメタ複製技術は，かつてメ

ディアが音楽文化の中心を占める以前の民踊のように，ある種の「先祖返り」的な現象と見ることができるかもしれない。それは単なる先祖返りではなく，人間の文化現象における最も本質的なあり方なのかもしれない。私たちが当り前と思い，ときには正しいと信じてきた世界音楽経済システムを基盤とした音楽文化は，根本的な文化のあり方からすればいささか無理があったのではないかと疑ってしまう。それは川の自然な流れに無理矢理ダムを造り，せき止め水を淀ませるような行為だったのかもしれない。

　私たちは現在，「私有対共有」という音楽を含む人間の知的財産を巡るあり方の岐路に立っている。今後文化を発展させていくためにどのような制度を作っていったらよいのか，それは今の時代を生きる私たちに課せられた課題であるように思われる。その際，音楽文化は重要な意味を持っていると思われる。それはジャック・アタリの「音楽は予見する」という黙示録的な表現が的を射ていると思うからである。今日のディジタル化に伴う知的財産の問題は，音楽から始まっている。「音楽が予見する」というのは，メディアが中心となった他の表現と比較すれば音楽はその「軽さ」のため，移動・伝達の速度が「速い」からであると考えている。かつては映画のフィルムを見るよりもレコードを聴くソフトやハードは容易に持ち運びが可能だったし，ディジタル時代も映像のファイルよりも音楽ファイルは容量から見てはるかに小さい。そうした「軽さ」と「速さ」を持つ音楽文化は，これからの文化を考える上で示唆を与え続けることであろう。

演習問題

〔2.1〕録音複製技術によって，音楽の送り手と受け手の関係が以前と比べどう変化したのかを考えてみよう。
〔2.2〕ディジタル化によって，録音複製技術の社会的技術配分がどう変化したのか考えてみよう。
〔2.3〕音楽を含む知的財産の私有と共有のあるべき姿を考えてみよう。

3章 音楽産業とメディア

◆ 本章のテーマ

　長い年月をかけて文化として発展してきた音楽が，商業化され，「モノ」として流通するようになった経緯については1章で述べたとおりである。本章では録音技術が発明されてから数十年間で急速に発展してきたレコード産業を中心とした音楽産業について，おもに日本の事例やデータを紹介しながら概観していく。また，メディアが変化し多様化したことが，音楽産業にどのような影響を与えたかについて説明する。なお，本章において音楽産業とは，レコード産業だけでなくオーディオ産業や電子楽器開発など広義の業界を指す。

◆ 本章の構成・キーワード

3.1　レコード産業に関わる人々
　　　音楽産業の構造，音楽アーティスト，音楽制作者，トライアングル体制
3.2　日本における音楽著作権管理
　　　著作権，著作隣接権，著作権管理事業者，著作権使用料の分配
3.3　レコード産業とオーディオ産業
　　　蓄音機，LPレコード，CD，音楽ソフト市場の変遷
3.4　電子楽器の変遷と音楽産業への影響
　　　シンセサイザーの変遷，MIDI，サンプラー
3.5　音楽制作環境の変化
　　　マルチトラックレコーディング，ハードディスクレコーディング
3.6　音楽産業とメディア
　　　メディアの変遷，インターネット，音楽ストリーミングサービス

◆ 本章で学べること

☞　音楽ビジネスの基本的な仕組み
☞　音楽制作に関わる技術の変遷と音楽産業への影響
☞　メディアの変遷と音楽産業への影響

3.1 レコード産業に関わる人々

人類にとって音楽が欠かせない存在であることはいうまでもない。ドイツ南西部ウルム郊外の約3万5000年前の地層から，動物の骨や牙で作った笛が発見されたことが数年前に英科学誌ネイチャー電子版で発表されたことが知られている。約20万年前にアフリカにいたとされる現生人類が欧州に移住しドナウ川周辺に定着し，音楽のある豊かな社会・文化を築き上げたとされている。人類とともに長い年月をかけて発展してきた音楽文化であるが，録音技術が発明されてから数十年の間にレコード産業が急速に発展した。つまり，音楽だけを切り取って商品として販売してきたのはごく最近のことである。しかし，ディジタル化などの影響もあり今度はそのレコード産業が早くも危機に立たされていると危惧されている。

国際的なレコード業界団体である国際レコード産業連盟（IFPI）が2013年の各国の音楽売上の数値をまとめた報告書によると，世界2位の音楽市場である日本は16.7％と大幅に減少したとされている。世界では音楽配信などのディジタル音楽に移行しているが，日本においてはCDなどのフィジカルによる売上が約8割を占めている。一方で，米国では音楽配信などディジタル音楽の売上が60％に達し，総売上は0.8％成長した。オーストラリア，カナダ，韓国のディジタル音楽売上は50％を超える。その中でも韓国の総売上は9.7％成長した。世界の音楽産業はフィジカルからディジタルへと移行しつつあり，ビジネスモデルも変わりつつある。

食品に置き換えてみると，例えば，ポテトチップスの新商品を開発し，工場で製造し，日本全国のコンビニエンスストア等に流通させ，消費者が購入する。つまり，新しい商品を作る人，それを流通させる人，買う人がそれぞれの役割を果たすことで商売が成り立っている。音楽産業も基本的にはこれとさほど変わらない。新しいアーティストを発掘し，レコーディングスタジオ等で音楽アルバムを制作し，全国のCDショップに流通させ，消費者が購入する。しかし，インターネットが普及し音楽をディジタルデータとして流通させること

ができるようになった。ポテトチップスをインターネットショップで購入し，宅配業者が自宅まで届けてくれることは可能だ。しかし，宅配業者を介さずに，コンピュータでダウンロードすることは当然不可能である。これが，フィジカルとディジタルの大きな違いである。音楽を作る人，売る人，儲かる人は時代とともに変化しているのである。

3.1.1 音楽を作る人

音楽を作るには，作曲家が曲を作り作詞家が作詞をして歌手が歌うことは一般的に知られている。シンガーソングライターであれば，これらを一人でこなすことができる。日本において「音楽アーティスト」とは，歌手もしくはシンガーソングライターのことを意味することが多い。複数の人数で音楽を制作している場合は「ユニット」，ヴォーカル・ギター・ベース・ドラムを中心とした場合は「バンド」と呼ばれている。ユニットやバンドのことをアーティストと呼ぶこともある。これらのアーティストのみで音楽を作ることも可能だが，売るための音楽をコンセプトから考え，スタジオで録音をして高音質な音源を作るには専門家の手助けが必要だ。では，プロの音楽制作には他にどのような人が関わっているのかを説明する。

まず，制作チームを指揮するプロデューサーが必要である。制作費や制作期間を考慮し，その範囲内で制作可能なコンセプトを決め，主体となる歌手等の魅力を最大限に引き出し，技術スタッフに指示を出し，ジャケットデザインを決め，制作後のプロモーション手法を考え，できる限り売上を伸ばせるように尽力する。売れっ子のプロデューサーは，これらすべての能力において優れており，一度ヒットを出すと他の制作プロジェクトからも声をかけられる場合が多い。経験のあるシンガーソングライターであれば，自らがプロデューサーとなる，いわゆるセルフプロデュースをする場合もある。また，音楽を制作する現場はとてもデリケートであるため，アーティストとプロデューサーの信頼関係が不可欠となる。プロデューサーは，プロの音楽制作現場に欠かせないリーダー的な存在なのである。

つぎに，音楽を制作するには技術スタッフが不可欠である。いくら良い音楽を奏でても，それを録音したり編集したりする必要がある。音楽に関わる技術については1章で述べたが，プロの音楽制作に関わる技術スタッフについて歴史を踏まえて整理をする。1960年代後半までは，音楽演奏をそのまま記録することが一般的であったため，録音エンジニアがいれば技術スタッフは十分であった。俗にいう「一発録音」である。演奏者が失敗をしても編集が困難であるため，成功するまで何度も繰り返し演奏をする必要がある。その後，シンセサイザーのような電子楽器を使ったり，コンピュータを使って録音をしたりするようになり，シンセサイザープログラマー（日本ではマニピュレータともいう）という役割の技術スタッフが加わるようになった。シンセサイザープログラマーは録音エンジニアと協力し合いながら，必要に応じて録音されたデータを編集して音楽制作を進める。プロデューサーやアーティストの音楽的なイメージをいかに実現するかは，これらの技術スタッフの能力にかかっている。コンピュータを使った音楽制作はさらに進化しており，音楽制作の環境はコンピュータを中心に行われるようになっている。近年では録音エンジニアとシンセサイザープログラマーの両方を担当する技術スタッフもいる。

　さらに，音楽そのものに重要な影響を与えるミュージシャンが必要である。例えば4人組のバンドの制作だとする。ヴォーカル，ギター，ベース，ドラムで構成されるバンドである。4人でのシンプルな演奏でもある程度の表現は可能だが，10曲ほど入れるアルバム制作になると，それぞれの楽曲に変化が必要になる。そこで，プロデューサーとバンドで相談をし，バンドメンバー以外の楽器を加える編曲をほどこす。管楽器（トランペット，トロンボーン，サックスなど）を加えて華やかにしたり，パーカッション（マラカス，タンバリン，コンガ，ボンゴなど）を加えてリズミカルにしたり，コーラスを加えて重厚なサウンドにしたりする。予算が十分にあるプロジェクトでは，フルオーケストラ（ストリングス，管楽器，打楽器など）を加えて壮大なスケールのサウンドに仕上げることもある。シンセサイザーが開発されてからは，これらの楽器を電子楽器の音で代用することも多くなった。シンセサイザーを使う場合は

録音スタジオを借りる必要がないため，予算を節約することにもなる．しかし，実際の楽器演奏で録音した方が当然豊かなサウンドになる．ミュージシャンを呼んで録音するかシンセサイザーを使うかは，プロデューサーやアーティストが話し合いながら，どちらのサウンドがその楽曲に適しているかを決定する．生で演奏した豊かなサウンドがつねに良いとは限らず，楽曲によってはシンセサイザーの電子的で細い音が楽曲に合っていると判断される場合もある．

このように，プロの音楽制作は，プロデューサー，アーティスト，録音エンジニア，シンセサイザープログラマー，ミュージシャンが制作チームを結成して進行するのである．音楽制作の現場には，これらの技術スタッフ以外の人も出入りしている．それは，つぎに紹介する音楽を売る人たちである．音楽制作を進行しながら，制作後にどのようにプロモーションをするかを考え，準備を進める必要があるからである．

3.1.2 音楽を売る人

音楽を買うには CD ショップなどに行くことが多いだろう．つまり，音楽を売る人として一般的にイメージをするのは，CD ショップの店員かもしれない．インターネットで購入するなら，その WEB サイトやそれを運営している企業には馴染みがあるだろう．では，仮にあなたが自分で作った音楽を CD として売りたい場合，どうすればよいだろうか．街の CD ショップに持ち込めば，もしかしたら販売してもらえるかもしれない．しかし，店頭に陳列する CD の棚は決して大きくないため置いてもらえても 1 枚で，在庫として 10 枚程度保管してもらえれば良い方だ．しかも CD ジャケットの表を見せて置くのではなく，1 cm にも満たない CD ケースの背表紙に小さくタイトルとアーティスト名が書かれているだけである．来店した客がこれを見つけるのは至難の技である．あなたのことを知らない人なら，その CD を見つけることはないだろう．このような方法では，CD を 1 万枚，2 万枚，もしくは 100 万枚も売ることは到底できない．では，音楽を大量に売るためにどのような人々が関わっているのかを説明する．

3. 音楽産業とメディア

　まず，その名のとおりレコード会社が中心となることは知られている。レコード会社のおもな役割は，新しいアーティストを発掘し，企画・制作を行い，売るためのプロモーションを行い，CD等を大量に流通させることである。大きなレコード会社は独自の販売ルートを保有しており，数万枚，数十万枚，もしくはそれ以上のCDを全国のCDショップで販売することが可能だ。ヒットチャートなど音楽に関する情報を提供するオリコン株式会社が発表した「2014年年間音楽ソフトマーケットレポート」（対象期間：2013年12月30日～2014年12月28日）によると，CDやDVDなどの音楽ソフト市場の2014年年間総売上額は2 873.6億円である。1990年代の音楽ソフト生産量は現在の2倍近くあったため，市場も2倍の5 000億円以上あったことになる。しかし，音楽ソフトの販売だけが音楽を売る方法ではないため，音楽産業の市場はこれだけではない。つぎに，音楽を使ったビジネスにどのようなものがあるかを説明する。

　CDは一般の消費者が音楽を購入できるように音源データをディスクに記録したものだが，その記録されている音源そのものが商品であることを忘れてはならない。例えば，テレビやラジオでその音楽を放送する場合，使用料を支払わなければならない。一般社団法人日本音楽著作権協会（以下JASRAC）によると，同協会が管理している楽曲を大手の放送局でテレビコマーシャルとして使用する場合，1回当り12 000円を支払う必要がある。仮に1日に20回の放送を2週間継続すると，336万円を支払うことになる。1 000円のシングルCDに換算すると，3 360枚の売上と等しい。JASRACの2013年度事業報告書によると，2年連続で1 000億円以上を徴収し分配している。

　近年，CDの売上が減少していることがよく取り上げられるが，その反対にコンサート事業は好調だといわれている。一般社団法人コンサートプロモーターズ協会の基礎調査推移表によると，同協会に属する正会員社が日本全国で実施したコンサートの公演数は2003年に約13 000公演だったのが2013年には約22 000公演にまで増えている。コンサートはCDのように手元には残らないが，入場料をとることで音楽の体験を売っているのである。市場規模は

1000億円を超えている。音楽ではないが，会場で販売しているアーティスト関連商品も売上が好調だといわれている。また，コンサート実施後に録画映像をパッケージとして販売し，さらなる利益に繋げることもできる。さらに，ケーブルテレビや音楽専門チャンネルなどでコンサートの様子を放送すれば，放映権料による売上となる。

音楽を売る方法がいろいろあることはわかったであろう。では，それによって誰が儲かるのであろうか。

3.1.3 音楽で儲かる人

音楽産業は権利ビジネスで成り立っている。つまり，楽曲の権利を保有し販売することにより，効率よく利益を上げることができるのである。あなたが作ったCDの権利は当然あなた自身が保有している。しかし，自分一人でCDを販売することに限界があるのは前述したとおりである。そこで，制作だけでなく販売についてもチームを組むことでより多くのリスナーに音楽を届け，音楽を買ってもらうことに繋がるのである。

メジャーデビューという言葉を耳にしたことがあるだろう。メジャーデビューすると有名になり，たくさんの人に音楽を聴いてもらえるようになるイメージがある。つまり，メジャーデビューをすれば音楽が売れて儲かるのではないかと推測できる。では，メジャーデビューとは何をすることなのだろうか。

日本においてメジャーデビューするということは，日本レコード協会に属するレコード会社もしくはその流通網を使って音楽の販売を始めることを指す。テレビやラジオに出演したり，さまざまなイベントに参加したりするため，多くの場合はマネジメント会社に所属して音楽活動を行う。音楽を作曲したり歌詞を作詞したりする作業は日常生活の中で行うこともあるため，担当マネージャーがプライベートと仕事の両方において支えになることもある。また，作った音楽を効率よく販売し利益にするために，音楽出版社に権利を管理してもらう。例えば，テレビで放送したいとか，他のアーティストが楽曲をカバーしたいとか，映画で音楽を使いたいとか，さまざまな問合せがくる可能性があ

る。それらをアーティスト自らが管理するのは難しいだろう。そこで，音楽著作権の管理に詳しい専門家が処理を行う音楽出版社と契約を交わして任せるのである。

メジャーデビュー後の音楽活動には，レコード会社，マネジメント会社，音楽出版社が関わることで個人の音楽活動とは異なり，各種メディアを巻き込んで日本全国に展開できる。この三つの会社によって音楽ビジネスを行う状態を**トライアングル体制**という（**図3.1**）。つまり，アーティストが三社と契約をすることで，メジャーデビューすることになる。三社それぞれの強みを発揮することが，トライアング体制のメリットである。

図3.1 トライアングル体制

近年ではレコード会社の中にマネジメント機能と権利管理機能を備えることで，音楽ビジネスに関わるすべてのことを社内で取り組むことがある。これを360度ビジネスと呼ぶ。コンサート事業が好調であることから，欧米ではライブエンタテインメントを手がける会社がアーティストのマネジメントやマーチャンダイジング（グッズ販売など）を行う事例もある。米国ではアーティスト個人がエージェントと呼ばれるマネジメントを行うスタッフを雇用するのが一般的であるため，ビジネスの相手がレコード会社であろうがライブエンタテイメント会社であろうが，ビジネス展開をしやすい会社と契約することが可能である。一方で，日本ではレコード会社と放送局の関係が密接であるため，その構造を壊してビジネスを展開することは考え難い。国によって儲ける仕組みが異なるということを知っておく必要がある。

3.1.4 メジャー以外の音楽活動

ここまでメジャーデビューについて述べたが，インディーズアーティストを好むリスナーも少なくない。音楽におけるインディーズを定義するのは難しいが，メジャー以外のアーティストということになる。つまり日本では，日本レ

コード協会に属する会社もしくはその流通網を使わずに音楽活動をするアーティストのことである。

メジャーアーティストは，会社との契約期間中に発売する作品数が決められ，予算が用意される。つまり，経費をかけるからには，売上を伸ばさないと赤字になってしまう。最低でも1万枚は売らないとビジネスとしてはとても厳しいことになる。一方で，インディーズアーティストの状況はさまざまである。一ついえるのは，メジャーのように多くのしがらみに囲まれて音楽制作をしなければならないということはない。むしろ，アーティストの作品に対する思いを最優先させることが多い。そうでなければインディーズアーティストとして活動を行う意義がないといっても過言ではない。

インディーズでの音楽活動は，レーベル会社と契約をしたり，個人でCDを制作・販売したり，同人音楽即売会に出展したり，活動内容はさまざまである。音楽ソフトが大量に売れることはないが，関わる会社や人が少ないためメジャーよりも売上枚数が少なくても利益が出ることもある。むしろ，アーティスト本人に支払われるギャラが多いケースもある。

このような音楽活動は年々活発になっており，その理由は二つ考えられる。一つ目は，コンピュータやソフトウェアが進化し，優れた音楽制作環境が安価になっていることである。二つ目は，インターネットが普及し，作品を発表する機会や手段が増えていることである。本章の冒頭で述べたように人間と音楽の関係がとても深いことを考えると，これからも音楽を作り発表したいと考える人は増加していくと推測できる。技術の進歩により音楽制作環境が変化していることについては後述する。

メジャーにせよインディーズにせよ，音楽産業は権利ビジネスが主である。では，音楽に関わる権利とは何であろうか。

3.2　日本における音楽著作権管理

著作権という考え方が誕生した経緯は1章で述べたとおりであるが，本章で

は日本において著作権が音楽産業に与えた影響やビジネスに必要となる著作権の基本的な仕組みについて述べる。

　日本には著作権法という法律があり，産業財産権と知的財産権を保護している。産業財産権には特許権，商標権，実用新案権などがある。著作権には著作者の権利（著作権）と著作隣接権があり，前者は小説，音楽，映画，コンピュータプログラムなどの創作者の権利を保護し，後者は実演家（演奏家・演奏者），レコード製作者（レコード会社等），放送事業者，有線放送事業者などの権利を保護している。現行の著作権法は1970年に旧著作権法を改定して制定された。

3.2.1　著作権管理事業とは

　音楽産業は権利ビジネスが中心であると述べたが，著作権がいくら法律で守られていても，その権利を行使しなければ利益は生まれないのである。つまり著作権を主張して音楽の使用料を徴収できてこそビジネスとして成り立つ。日本では著作権を管理する団体がいくつかあるが，最も有名なのはJASRAC（ジャスラック）だろう。JASRAC設立のきっかけとなったのは，海外からビジネス目的に著作権を主張するために送られた刺客によるものだった。このきっかけは「プラーゲ旋風」として知られている。

　1931年，当時の日本には音楽著作権を管理する仕組みはなく，海外の楽曲をコンサートで演奏したりテレビで放送したり，著作者の許諾をとることなく楽曲が使用されていた。そこで，欧州の著作権管理団体から代理人として委託されたドイツ人のウィルヘルム・プラーゲという人物が，日本での著作権の使用許諾や使用料請求などの活動を開始した。その請求額は莫大で，放送局やコンサート事業者など音楽ビジネスの関係者は，欧州の音楽を使用することができない状態が続いた。日本政府は1939年に「著作権に関する仲介業務に関する法律」（仲介業務法）を施行してJASRACを設立し，仲介業務の許可を独占的に与えた。JASRACは日本における音楽著作権の管理を一手に引き受けることになったのである。プラーゲは日本での活動を諦めて1941年に日本を去った。

それ以来，JASRACが独占的に日本における音楽著作権の管理を行ってきたが，2001年にはインターネットの普及に伴い音楽産業が多様化したことなどが理由で仲介業務法に代わり**著作権等管理事業法**が施行された。これまでは文化庁が認定した著作権管理事業者，つまりJASRACのみが活動を許可されていたが，本法律が施行されたことにより事業者は登録制となりJASRAC以外の者も著作権管理事業を行うことが可能になった。インターネットや携帯電話を介したディジタルコンテンツの著作権管理に着目した株式会社イーライセンスや，韓国を中心とした日本以外のアジア諸国から輸入されるコンテンツの著作権管理をおもな目的としたアジア著作協会など，事業に取り組む者が得意とする分野を中心に著作権管理を行えるようになった。しかし，一度独占的な権利を与えられたJASRACに依然大多数の楽曲が登録されていることから，音楽著作権の管理事業はJASRACが圧倒的に有利であることはいまだに変わらない。例えば，大手のテレビ局はJASRACと包括提携を結んでいるため，毎年まとめて著作権料を支払い，使用した楽曲の情報を提出することで二次使用料が分配される仕組みになっている。JASRAC以外の著作権管理事業者に登録されている楽曲を使用する場合は，さらに料金を支払う必要がある。どうしても使いたい楽曲があれば支払うだろうが，積極的にJASRAC以外に登録されている楽曲を使うかは疑問である。著作権等管理事業法が施行されて多くの事業者が登録されたが，公正に事業に取り組むための課題は多いといえる。

3.2.2 著作権使用料の分配方法

メジャーデビューしてトライアングル体制により契約を結んだ場合，音楽著作権がどのように管理されるのかを説明する。なお，ここではアーティストが作詞作曲を行っていると仮定する。まず，音楽産業に関わる権利はおもに二つあり，作詞作曲に関わる著作権とCDのような録音物に関わる著作隣接権である。JASRACが管理するのは前者の著作権である。アーティストは音楽出版社と著作権譲渡契約を結ぶことで，音楽出版社が著作権者となる。アーティストが著作者であることには変わりないが，権利を行使できるのは音楽出版社とな

る。こうすることで，ビジネスを円滑に進めることが可能となる。つぎに，音楽出版社は JASRAC のような著作権管理事業者と著作権信託契約を結ぶ。著作権管理事業者は，音楽が利用されることがあらかじめわかっているコンサートホール，カラオケ店，CD レンタル店などさまざまな業界との関係を構築しているため使用料の徴収が可能である。第三者がこの楽曲を使いたいときには JASRAC に利用申込みをして決められた使用料を支払う。個別の音楽出版社が日本全国の関連施設や事業者を対象に独自に使用料徴収をすることは困難であるため，信託契約を結ぶのがビジネスとしても効率がよいのである。

　CD を販売する場合の著作権使用料と著作権管理事業者の手数料を計算してみる。まず，CD の税抜き定価の 6 ％ が著作権使用料と決められており，3 000 円の CD アルバムであれば 6 ％ の 180 円が著作権使用料となる。さらに，著作権管理事業者の手数料は管理手数料規定により定められており，その 6 ％ である 10.8 円となる。著作権使用料の 180 円から手数料の 10.8 円を引いた 169.2 円が著作権者である音楽出版社に分配される。音楽出版社の取り分はさまざまであるが，仮に 50 ％ とすると 84.6 円となる。残りの 50 ％ を著作者である作詞家と作曲家で分けるため 25 ％ の 42.3 円となる（**図 3.2**）。

図 3.2　著作権使用料の分配例

作詞作曲をしていれば，当然それら両方が収入となるのである。このケースでは，1 万枚売れると 84 万 6 千円，100 万枚売れると 8 460 万円となり，その差は 8 375 万 4 千円となる。権利ビジネスとは，このように商品が大量に売れれば，権利を保持しているものが儲かる仕組みである。ちなみに 100 万枚売れると，著作権管理事業者にも 1 080 万円の手数料収入が入ることになる。当然ではあるが，音楽ソフトが売れれば売れるほど著作権管理事業者の収入も増える業界構造となっている。ここまで説明したのは，作詞や作曲に関わる著作権についてであるが，音楽を録音した者の権利などを保護している著作隣接権は誰が保持し，誰が管理しているのだろう。

3.2.3 著作隣接権の管理

音楽を録音して販売するのは，レコード会社が中心となっていることはいうまでもない。大手レコード会社の業界団体は日本レコード協会であることは述べたが，本協会が著作隣接権の一部に関わる使用料徴収や分配を行っている。著作隣接権の中には「レコード製作者の権利」があり，レコードを複製するための「複製権」，放送事業者等から使用料を受け取るための「商業用レコードの二次使用料を受ける権利」，インターネットのホームページなどを用いて送信できるようにするための「送信可能化権」，レンタル CD 業者から報酬を受け取るための「貸与権」などが含まれる。しかし，著作隣接権で守られているのはこれだけではない。「放送事業者の権利」では，放送を録音・録画及び写真的方法により複製する権利の「複製権」や，放送を受信して再放送したり有線放送したりする権利の「再放送権・有線放送権」などがある。

録音物に関わる著作隣接権のことを一般に原盤権とも呼ぶ。つまり，CD を複製するもととなるマスター音源の権利のことである。CD がヒットするケースとして，ドラマの主題歌としてテレビ局とタイアップしたり，広告代理店からのオファーによりテレビコマーシャルに起用されたりすることがある。このようなビジネスに関わる企業は当然利益をあげる必要があるため，原盤権を共同で保有するのである。レコード会社，テレビ局，広告代理店，マネジメント会社（音楽プロダクションや芸能プロダクション）がその対象になることが多い。CD の売上だけでなく，テレビ放送，CD レンタル，有線放送，ラジオなどによる二次使用料も大きな収入となる。

また，著作隣接権では**実演家**の権利も守られている。音楽における実演家とは，ミュージシャンや歌手などのことを指す。実演家の権利を主張している団体には，「公益社団法人 日本芸能実演家団体協議会」（芸団協），「一般社団法人 日本音楽事業者協会」（音事協），「一般社団法人 音楽制作者連盟」（音制連）などがある。これらの団体には著名な芸能人やミュージシャンなどが多く登録されており，その権利を守るための活動が行われている。さらに，これらの三団体は膨大な権利処理業務を適正かつ円滑に行うために「公益社団法

人 日本芸能実演家団体協議会・実演家著作隣接権センター」(CPRA) を 1993年に設立した。1998 年には「一般社団法人 演奏家権利処理合同機構 MPN」,「一般社団法人 映像実演権利者合同機構」(PRE) が加わり組織の充実を図っている。

「一般社団法人 演奏家権利処理合同機構 MPN」は，演奏家関連の団体である「パブリック・イン・サード会」,「日本音楽家ユニオン」,「特定非営利活動法人 レコーディング・ミュージシャンズ・アソシエイション・オブ・ジャパン」,「一般社団法人 日本作編曲家協会」,「一般社団法人 日本シンセサイザー・プログラマー協会」,「公益社団法人 日本演奏連盟」に加盟するミュージシャンを中心に設立された音楽家のための権利処理合同機構である。これらの団体には，どちらかというとあまり表には出ない裏方のミュージシャン達が登録されている。しかし，著名人と同じように実演家としての権利を守る必要があるため，このような合同機構が設立されたのである。本機構は 1999 年に「演奏家団体の権利処理合同機構」として設立したが，一般社団法人として法人格を取得したのは 2012 年である。多くのさまざまな立場の関係者を取りまとめるのに長い時間を要したのだろう。JASRAC が一括して音楽著作権の管理を行っていたことを考えると，日本における実演家の権利はさまざまな業界団体がそれぞれの立場で権利を主張しており，とても複雑であったといえる。

3.3 レコード産業とオーディオ産業

1 章では録音再生技術が誕生してから発展するまでの歴史を述べたが，その中でも音楽産業の発展に大きく影響したといえるのが **LP レコード** の誕生である。また，そのレコードをより良い機器で，より良い音で楽しみたいという趣味を持つ人が増え，オーディオ産業が成長した。記録メディアや再生機器がアナログからディジタルに進化する中で，音楽を聞く環境は大きく変化し，産業構造もそれに伴い変化をしたのであった。

3.3.1 LPレコードの登場とオーディオ産業の始まり

　1948年に米国のレコード会社コロンビアが発売して以来，他のレコード会社も続々とLPレコードを発売するようになった。LPレコードが発売されるまではSPレコードが主流であった。12インチ（30センチメートル）で5分しか収録ができず，しかも壊れやすかった。SPレコードの時代は発売する音楽も5分以内に収めなければならなかった。SPレコードに比べるとLPレコードは音楽ソフトとして断然優位であった。SPレコードは回転数が製品により異なったが，LPレコードは3分間に100回転と規格が決まったことでレコードプレイヤーが普及した。また，直径12インチ（約30センチメートル）のレコード盤に30分収録することが可能となり，両面で60分と音楽ソフトの商品として十分なボリュームとなった。そしてポリ塩化ビニールを素材に使うことで音質が向上しただけでなく，薄くて丈夫になったのである。

　レコード盤を包装する厚紙のケースをアルバムジャケットと呼ぶ。アルバムジャケットには収録されている音楽をイメージさせるデザインがされており，レコードを買う楽しみの一つでもある。音楽を聞かずにジャケットデザインを見ただけで購入することを「ジャケ買い」というくらいである。つまり，音楽ソフトを購入するということは，音楽だけでなくアルバムジャケットを含めたパッケージそのものを所有するという満足感を得ることである。

　1950年代にはオーディオ産業が日本でも浸透していくことになる。初期のレコードはモノラル，つまり一つの音声信号のみが記録されているだけで音に広がりがなかった。しかし，左右からそれぞれのサウンドを奏でることで実際の音に近づけるステレオのレコードや再生機が発売されるようになった。これにより「音を楽しむ」というオーディオマニアが急増したのである。録音の質が良いとされるレコードを購入するだけでなく，再生するレコードプレイヤー，音を増幅させるアンプ，最後に音を出力するスピーカーなどにこだわり，最高のサウンドを自宅で再現するのである。日本の電気機器メーカーもステレオオーディオ機器の開発に力を入れた。

　1958年には日本ビクター（JVC）が日本初のステレオ再生機器を発売した。

もともと 1927 年に米国の米ビクター・トーキングマシンカンパニーの日本法人として設立され，蓄音機の製造などを行っていた。その後，米国法人は撤退し，日本の企業としてオーディオを中心に成長した。日本ビクターには音楽事業部門があり，レコード生産もしていた。今でもビクターエンタテインメントとして音楽ソフトの企画・制作・販売などの事業を行っており，日本レコード協会の正会員である。同じく正会員の日本コロンビアも，1910 年に株式会社日本蓄音機商会として発足し，日本初の蓄音機を生産していた。1931 年にコロンビア商標を米国コロンビアから譲り受けて今に至る。このように，いわゆるオーディオブームによりステレオ機器などの電子機器産業とレコード産業がともに成長していったのである。

1979 年にはソニーが携帯型音声再生機器の「ウォークマン」を発売し，世界的に「音楽を持ち歩く」という文化を浸透させた。オーディオブームは音楽をいかに良い音で聴くかを追求したものだったが，初期の「ウォークマン」はカセットテープであったためレコードよりも音が劣化した。しかし音楽を持ち歩きたいリスナーは，自分が聞きたい音楽を好きな順番でカセットテープに録音し場所を選ばず好きなときに聴くことを優先し，音質の劣化はあまり気にしなかった。音質にこだわる消費者向けに高価ではあるが高音質で耐久性の高いカセットテープも発売された。

3.3.2　CD 発売とディジタル化が音楽産業に与えた影響

1982 年にはディジタル情報として音楽を記録する CD が発売された。CD はプラスチックで作られており直径は 12 センチメートルと LP レコードに比べて小さくなった。マスター音源をディジタルデータとして記録するため音質の劣化がないとされている。また，約 74 分を収録することが可能であるため，片面に 30 分しか収録できない LP レコードに比べると音楽ソフトとしては大きなメリットとなる。60 分あるクラシック音楽を収録した LP レコードを聞く場合は途中でレコード盤を裏返さなければならなかったが，CD であればその必要はない。レコードは針で音楽の情報が記録された溝を磨耗するため，再生

回数が多くなれば音質が劣化する。CDは赤外線レーザでデータを読み取るため，CD盤自体が消耗することはない。つまり，CDを何回再生しても音質は劣化しない。このようにメリットが多いCDは，レコードに代わる音楽ソフトとして急速に普及した。「CDウォークマン」も発売され，音質が劣化していないCDそのものを持ち歩いて聴くことが可能になった。

1990年代に入るとディジタル音声データを複製することができる機器が普及し始めたことにより，CDから音質を劣化させることなくデータを複製することが可能になった。もともと著作権法では私的複製が認められている。私的複製とは自分や家族が聴く範囲でレコードをカセットテープなどに複製することを指していた。音質が劣化するためカセットテープに録音された音楽はレコードの商品価値と比べれば落ちていると考えられていた。しかし，ディジタル録音技術の進化をレコード産業の脅威と捉え，1993年にJASRAC，芸団協，日本レコード協会が中心となり私的録音補償金管理協会を設立した。

私的録音補償金制度は，ディジタル録音が可能なメディアであるディジタルオーディオテープ（DAT）や音楽用CD-Rなどを利用者が購入する際に，補償金が上乗せされる仕組みとなっている。同協会が得た補償金は著作権者，実演家，レコード製作者に分配される。補償金受領額は2001年に約33億円あったが2012年には約2億円まで減少している。これはパーソナルコンピュータが普及しハードディスクに直接複製することが可能になったため，補償金の対象となっているディジタル記録媒体をわざわざ購入する必要がなくなったからである。ディジタル技術の進歩による音楽ソフトの複製は，それまで協力関係にあった電子機器業界とレコード業界の対立を生んだのであった。

2001年には米国のApple Computer社が携帯型ディジタル音楽プレイヤの「iPod」（アイポッド）を発売した。最高1 000曲を持ち運べるということもあり，カセットテープやCDの「ウォークマン」に比べると革新的な携帯型音楽再生機器である。しかも，CDと同等の音質で聴けるというのである。実際には音楽データを圧縮しているのだが，音声圧縮技術が進歩したためヘッドフォンで聞く環境であればCDとの違いはほとんどわからない。約185グラムと超

小型でデザイン性も高く，世界中に普及したのであった。

　このようにディジタル音楽を持ち運ぶ機会が増えると，音楽産業にとって重要なのが DRM（digital rights management），つまりディジタル著作権管理である。例えば，音楽のデータを無制限に複製させないために，登録した機器のみで再生が出来るようにする仕組みなどである。しかし，私的な範囲での複製を制限しすぎると音楽ユーザーにとって不便になり音楽離れに繋がるともいわれている。一方で，違法に複製データをインターネット上で共有するなどの行為も後を絶たない。インターネットとコンピュータが普及したことにより，音楽のようなディジタルコンテンツに関わる著作権管理の問題は深刻になった。

　2012 年には著作権法を一部改正し，いわゆる「違法ダウンロードの刑事罰化」を内容とする修正案が成立した。私的使用の目的であっても違法にインターネット配信されていることを知りながら音楽や映像をダウンロードすると，2 年以下の懲役若しくは 200 万円以下の罰金に処するというものである。この法律により違法ダウンロード問題が解決するという訳ではない。また，国によって対応方法が異なる。誰のどのような権利を守るべきなのか，今後も議論が必要とされている。

　アメリカの音楽や音楽ビデオの売上集計サービスである「Nielsen SoundScan」は，2014 年にアメリカで音楽配信サービスからダウンロードされたディジタル音楽は大きく減少し，代わりにストリーミングによる音楽配信で聞かれた音楽は 54％ も増加したと報じた。アメリカでは音楽ソフトを個別に購入するリスナーが減少していることを表している。一方で驚くことに，レコードの売上が 1991 年以降最大となり 920 万枚も販売されたようである。前年と比べると 52％ も増えた。DJ やもともとレコードで音楽を聴いていた世代の消費者がレコードの価値を再認識しており，アーティストもそれに応えるようにレコードのアルバムをリリースしているのである。

3.3.3　音楽ソフトの生産金額推移

　日本レコード協会の統計データには 1956 年からレコードの生産金額の記録

があり約40億円であった.初期の生産金額の約半数はSPレコードであったが,1963年を最後に市場から消えた.その後7, 10, 12インチのレコードが定着し,順調に生産枚数を増加させ1970年には約657億円と15倍以上の市場規模となった.1971年にはカセットテープの生産本数が加わり音楽ソフトの総生産金額は約1 122億円になり,1982年のレコードおよびカセットテープの総生産金額は約2 810億円であった.さらにCDが発売された後も伸び続け1998年には約6 075億円とCDが発売される前の倍以上となった.CDが発売されたことだけが要因ではないだろうが,音楽産業が好調であったことは間違いない.しかし,これをピークに音楽ソフトの総生産金額は減少し2013年には約2 700億円とCDが発売される前の数値を下回った(図3.3).

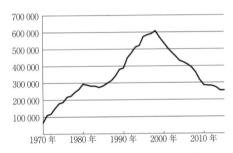

図3.3 日本における音楽ソフト生産金額の推移〔百万円〕[1]
(日本レコード協会のデータをもとに著者作成)

一方で,日本レコード協会が2005年から統計を取り始めたのが音楽配信売上実績である.レコードやCDなどのフィジカルはレコード会社の報告により生産量や金額の統計を記録していたが,音楽配信は売上をディジタルデータで集めることが可能である.それによると2005年にはインターネットダウンロードと携帯電話などのモバイルの合計が約343億円であった.2009年までは市場が拡大し約910億円まで伸びたが,2013年には約417億円まで減少している(図3.4).

日本独特の音楽市場といえるのが,CDレンタルである.同じく日本レコード協会の2013年度調査によると,18.4%の人がCDレンタルを利用している.しかし,海外では音楽CDのレンタルは,ほとんど行われていない.日本で

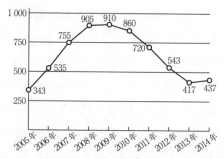

図 3.4 日本における音楽配信売上実績推移〔億円〕[2]
(日本レコード協会のデータをもとに著者作成)

は，CD レンタルで安価に音楽ソフトを入手し，自宅で合法的にコピーができるため，音楽配信が伸び悩んでいる理由の一つとも考えられている。

3.4 電子楽器の変遷と音楽産業への影響

近年のポピュラー音楽制作において，電子楽器やコンピュータを使うことは常識となった。当初は，音楽制作や音響処理に使用される機材は業務用に開発されていたが，製造コストが下がり，それに伴って販売価格が安価になったことで一般にも広まるようになり，産業として成長した。電子楽器やコンピュータの進化は，音楽産業にどのような影響を与えたのだろうか。

3.4.1 モジュラー・シンセサイザーの登場と普及

世界初の電子楽器と呼ばれているのが 1920 年にロシアの物理学者レフ・セルゲイビッチ・テルミン博士が発明した非接触式の電子楽器「テルミン」である。テルミンは楽器に手を触れることなく音高と音量を変化させることができ，まるで弦楽器にも似たような電子楽器特有の音を出すことが可能だ。映画では効果音としても使われた。テルミンは今でも発売されており，それを専門に演奏するテルミン奏者も存在する。

そのテルミンに魅了されて独自のシンセサイザーを開発し，近年の音楽に大

きな影響を与えたのが**ロバート・モーグ博士**である。1964年にニューヨークで開催されたAES (Audio Engineering Society Inc.)でモーグ博士は「モーグモジュラーシンセサイザー」を発表し，これまで聞いたことのないサウンドで観衆を驚かせた。1968年にウェンディ・カルロスがモーグシンセサイザーを使ってバッハの作品を演奏して収録した「スウィッチト・オン・バッハ」は大ヒットとなり，モーグシンセサイザーの知名度をさらに上げたのだ。日本では作曲家の冨田勲やYMOのシンセサイザープログラマーとして知られている松武秀樹がいち早く音楽に取り入れたことで広まった。当時のモーグシンセサイザーは洋服たんすほどの大きさがあり，通称「たんす」と呼ばれている。それだけの大きさにも関わらず，1台で1音しか鳴らすことができないモノフォニックシンセサイザーであった。当時のモジュラーシンセサイザーにはアープ社のARP 2500やローランド社のSystem-700があり，いずれも「たんす」同様に大型であった。

1970年代に電子回路の小型化が進み，シンセサイザーもコンパクトになったことで，さらに多くのミュージシャンが使うようになった。1970年にはミニモーグが発売され，以前からモーグシンセサイザーを愛用していたキース・エマーソンや，映画音楽の作曲家としても知られているヤン・ハマーが使い，新しい音楽ジャンルを確立していった。モーグ博士は開発する際にミュージシャンとの対話を大切にした。単なる電子音を出力する機械ではなく，楽器として発展させることが目的だったからである。その結果，ミュージシャンにとっての操作性が向上し，演奏しながら片手で音色を変えることも容易になった。多くの著名なミュージシャンやコマーシャル音楽制作者などが使うようになり，レコード，映画，ラジオ，テレビなどさまざまなメディアを通じてモーグシンセサイザーの音は世界中で聞かれるようになった。しかし，この時点でもまだ1台で1音しか鳴らすことができなかった。

1973年にヤマハは複数の音を同時に鳴らすことができる**ポリフォニックシンセサイザー**「GX1」を発売した。電子オルガンの商品名であるエレクトーンとしても知られている。オーケストラのように重厚なサウンドを奏でることが

可能で，スティービー・ワンダーが「ドリームマシーン」と呼んで愛用したことが知られている。モーグシンセサイザーは小型化し量産されていく一方で，GX1 はとても大きくて高価であったためプロユースに限定して販売されたが，スティービー・ワンダーのように著名なミュージシャンたちが好んで使用したため，新しい楽器としての知名度を上げたのであった。

3.4.2 シンセサイザーのディジタル化

1980 年にはフェアライト CMI などの**サンプラー**が登場し，実際の音を収録して鍵盤で鳴らすことができるようになった。例えば，「アー」と自分の声を出して録音し，コンピュータ上で設定をすると，鍵盤で自分の「アー」という声で音階を鳴らすことができるのだ。これまでのシンセサイザーとはまったく異なる音を奏でるため，そこから新しい音楽が生まれた。初期のサンプラーは数千万円したといわれているため，著名なミュージシャンであっても気軽に買えるものではなかった。

1983 年にはヤマハが **FM 音源方式**を採用した「DX7」を発売した。ディジタル回路を使用しているため，これまでのアナログシンセサイザーに比べるとかなり小型化が進んだ。アナログシンセサイザーは重厚で迫力のある音を出すことが可能なのに対し，FM 音源方式のシンセサイザーは倍音の一部を省くことができ，音楽をミックスする際に音が前に抜けるのが特徴である。ただし，モーグシンセサイザーは直感的に音色を作ることが可能であったのに対し，DX7 で音色を作るのにはかなりの専門知識が必要であった。そのため，あらかじめ作られた音色を ROM カートリッジと呼ばれる記憶装置に入れて販売された。

DX7 はいち早く **MIDI**（ミディ）端子を装備していたのが電子楽器やコンピュータ音楽にとって革新的なことであった。MIDI とは musical instrument digital interface の略で，電子楽器の演奏情報を送受信するための世界共通のインターフェース規格である。MIDI 端子を装備した複数の電子楽器を繋ぐと同時に制御が可能となる。例えば，ライブパフォーマンスをするときに，手元の

キーボードは同じでも，他のシンセサイザーの音を鳴らすことが可能となる。また，コンピュータと複数の電子楽器を接続して演奏するコンピュータ音楽により，生楽器では表現できなかったサウンドを制作することが可能になった。

　これまでの電子楽器やMIDIにより可能となったディジタル音楽の制作環境を1台で実現したのが1988年に登場したコルグの「M1」（エムワン）で，24万8000円とプロから初心者までが購入可能な価格帯で発売された。コルグとしては初めてPCM音源を採用した。PCMとは，あらかじめメモリに記憶させた音を再生する方式で，サンプラーと同じ仕組みである。初期のサンプラーとは異なり，小型で記憶容量が大きなサンプラー機能を搭載することが可能となり，M1にはピアノ，管楽器，打楽器，電子楽器など多彩な音色が内蔵されていた。DX7同様にROMカートリッジで音色を追加することも可能である。MIDI端子も装備しているため他のMIDI機器やコンピュータと接続して使用することもできる。

　さらに，シーケンサー機能が備わっているため，M1の鍵盤で演奏した情報を記憶し，さらに他のパートを重ねて記憶させることができた。記憶するのはMIDI情報であるため，後から編集をすることも可能である。つまり，M1さえあれば，さまざまな楽器の音色で音楽制作をすることが可能である。1990年には発売から2年で生産台数10万台を突破した。M1が登場する前でもシーケンサーやシンセサイザーを接続して音楽制作を行うことは可能であったが，1台ですべての機能が備わっている，いわゆるオールインワンのシンセサイザーの登場により，誰でも気軽に音楽制作ができるようになったといえる。

　これらの電子楽器やMIDIの技術は，通信カラオケや携帯電話向け着信メロディにも応用された。通信カラオケの受信機や携帯電話にFM音源やPCM音源が搭載されており，MIDIデータを含む音楽情報データをダウンロードし，再生するといったものである。MIDIデータは音声データに比べて容量が少ないため，通信速度がそれほど速くなくても配信が可能である。カラオケで自分の音程に合わせてキーを変えることができるのは，MIDI情報を再生しているからである。

その後，世界の楽器メーカーがこれまで紹介したシンセサイザーの技術を駆使してさまざまな楽器を発売してきた。そんな中，まったく新しい仕組みのシンセサイザーが世の中に登場した。1993年にヤマハが「物理モデル」をベースに開発した「VL1」である。物理モデルとは，自然楽器が発音する原理（物理現象）を模式化して仮想的に楽器を再現する技術手法のことである。例えば，サックスの音を選んで演奏すると，まるで本物のサックスを演奏しているかのように聞こえる。鍵盤を弾くだけでなく，息を吹き込むなどのブレスコントローラーによる操作を付加するとさらに本物らしくなる。また，現実にはあり得ない楽器の音を奏でることも可能である。例えば，トランペットのマウスピースで，3メートルもあるオーボエを鳴らすといった設定をすることが可能である。しかし，需要があまりなくVL1はあまり普及せず生産を完了してしまった。

その後，ヤマハは物理モデルだけでなく，音声合成技術の開発を進め，和声合成ソフト「**VOCALOID**（ボーカロイド）」をリリースし大ヒットとなった。クリプトン・フューチャー・メディア社がこの技術を使って発売した「初音ミク」はそのキャラクターとともに人気が出て，世界中で話題となった。初音ミクが広まった理由の一つとして，非営利かつ無償の場合に限って二次創作を認めたことがある。インターネット上にユーザーが投稿した動画によって，そのキャラクターの世界観や音楽が拡散されたのである。

3.5　音楽制作環境の変化

1950年代に左右から別の音が鳴るステレオ方式が登場したことを前述したが，これは左と右という二つのトラックが存在することを意味している。ステレオ録音の場合，生演奏を左と右の音声として記録するのがレコード制作をする唯一の方法であった。ミュージシャンは演奏がうまくいくまで演奏を繰り返し行った。プロデューサーのオーケーが出れば，そこで終了となる。録音された音源は複製されてレコードとして世の中にリリースされた。1960年代に入

るとこれが四つのトラックに増えた。一般家庭で4トラックを使うことはないが、音楽制作の現場には大きな影響を与えたのであった。

3.5.1 マルチトラックレコーディング

　録音できるトラック数が四つになることで、生演奏をそのまま録音するステレオ（2トラック）録音に比べて音楽制作はより複雑になっていった。四つのトラックに別々の楽器の音を録音できるため、録音した後で一つの楽器だけを修正することも可能である。また、録音した音を空いているトラックに移動させ、それにより空いたトラックにさらに音を重ねる手法も生まれた。この手法はピンポン録音と呼ばれている。ピンポンのように音がトラック間を行ったり来たりするからである。例えば、ギターとベースを録音した後に、それらを再生しながら別のトラックに再録音してまとめることができる（図3.5）。こうすることで、最初に録音した二つのトラックに別の楽器を録音することが可能となる。これらの手順を繰り返せば、さまざまな音色を重ねて重厚なサウンドを作り出すことができる。トラック数は技術の進歩とともに8トラック、16トラック、24トラックと増えていった。このように複数のトラックに録音する音楽制作手法を**マルチトラックレコーディング**と呼ぶ。

　業務用のマルチトラックレコーダー（MTR）では1／4インチや1／2インチという太いテープを使用しており、MTRも記録用のテープも高価なものであった。しかし、1980年代に入ると市販されているカセットテープが使え

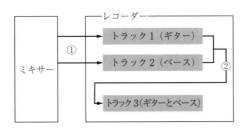

手順①：ギターとベースを録音する
手順②：録音したギターとベースを再生しながら、トラック3に再録音する

図3.5　ピンポン録音の手順

るMTRが10万円ほどで購入出来るようになり，アマチュアの音楽制作者も利用するようになった。1980年代にはシンセサイザーの普及も伴いアマチュアでも音楽制作をする環境を持つことが可能になったのである。しかも，シーケンサーを使えば，ドラム，ベース，ギター，ヴォーカル，シンセサイザーなどの音をMTRに録音しながら一人で音楽を完成させることも可能である。

3.5.2 MTRを活用したライブパフォーマンス

　MTRが影響を与えたのは音楽制作環境だけではない。コンサートのライブパフォーマンスも変化していくのであった。多くのファンは発売されたレコードと同じ音楽を聞くことを楽しみに会場へ足を運ぶ。しかし，MTRにより音楽制作が複雑になればなるほど，コンサートでそれを生演奏で再現することは困難になる。例えば，メインヴォーカルがコーラスを多重録音した場合，それをステージ上で再現することは不可能である。コーラスのメンバーが歌ったのではサウンドが異なってしまう。もしくは，高額なシンセサイザーを多重録音した場合，ステージ上にそれを何台も設置するのは費用がかかりすぎて実現できない。そこで，レコード制作時のマルチトラック・テープから，必要なトラックをミックスしてMTRに録音するのである。それをコンサートで生演奏と同時に再生することで，よりもとの音源に近い表現が可能となる。タイミングを合わせるために，MTRの1トラックにはクリック（テンポを刻む音）が録音されており，ミュージシャンはそれを聞きながら演奏する。

　レコーディング中に機材が故障しても修理が終わるまで待てばよいが，コンサートでは機材トラブルは絶対に起きてはならない。意図しない音が出たり少しでもずれて聞こえたりすれば，演出が台無しになる。それゆえに，コンサートで使用する機材は最新のものというよりも，安定して動作する機材を選ぶことが多い。シンセサイザープログラマーの山中雅文によると，1980年代にはOTARI（オタリ）社の8トラックレコーダーをコンサートで使用していたそうである。しかし1トラックはクリックで，残りの7トラックに必要な音を録音するため再生するサウンドに限界がある。そこで，ヤマハのQXシリーズの

シーケンサーを使い，MTR とタイムコードで同期をとり，シンセサイザーを鳴らすようになった。タイムコードは電飾機器に接続したシーケンサーにも送られ，あらかじめ音楽に合わせて視覚効果をプログラミングすることが可能になった。1980年代後半になると，同じタイムコードを映像機器に送り同期をとるようになり，事前に制作した映像イメージを再生するようにもなった。

レコーディングエンジニアがコンサートの PA エンジニアを担当することはほとんどない。同じ音響エンジニアでも，使用する機材や音を出す環境が異なるのである。しかし，シンセサイザープログラマーはレコーディングとコンサートの両方に参加することが多い。シンセサイザーを扱う点では実演家であるが，録音されたマルチトラック音源を把握し，それをコンサートで再現する方法を知っている重要な技術スタッフでもある。

3.5.3 ディジタル録音の時代

その後，シンセサイザー同様に音楽制作機器のディジタル化が進んだ。業務用ディジタル MTR は 48 トラックを録音することが可能になった。さらに，複数の MTR を連動させることも可能になったため，例えば，2 台使えば 96 トラックを同時に扱うことも可能になった。トラック数をあまり気にせず，たくさんの音色を重ねて音楽を制作するようになったのである。ディジタル化は MTR だけでなくコンソール（調整卓）にも及んだ。アナログコンソールは各楽器の音量や音像定位の設定をすべて手動で行うのに対し，ディジタルコンソールは設定を保存することが可能である。時間軸上で変化させた値を記憶させ，それを再現することも可能である。音楽制作の環境はディジタル化により劇的に進歩を遂げたといえる。しかし，その音質について懐疑的な見解もあった。そのため，アナログテープの音質を好むプロデューサーやアーティストも存在した。

1992年には映像の録画に使う S-VHS テープに音声をディジタル録音する ALESIS の a-dat が発売された。a-dat は 1 台で 8 トラックを録音することが可能で，16 台を同時に同期をとって動作させることが可能であるため最大 128

トラックまで録音が可能である。小型でラックマウントが可能なため持ち運びも可能である。プロフェッショナル向けのスタジオやセミプロの自宅録音などさまざまな環境で使用された。ここで重要なのは，高音質なディジタル録音が可能な機器を個人でも購入できるようになったことである。前述したように，メジャーデビューをするには，まずアーティストとして認められ，レコード会社などと契約を結び，ようやくレコーディングスタジオで録音することになる。しかし，自宅に高音質な音楽制作環境があれば，デビューしなくてもまずは音楽を作ってしまうことができるのである。

3.5.4 コンピュータによる音楽制作

1990年代にはコンピュータでMIDIデータを打ち込み，音楽制作をするためのソフトウェアが開発された。MIDIインターフェースを介してコンピュータとシンセサイザーを接続して作曲や編曲を行えるようになった。タイムコードを使いディジタルMTRと同期をとれば，MIDIによる打ち込み音楽と歌やギターなどを録音したマルチトラック音源を同時に再生することが可能である。個人で音楽を制作する環境がますます充実していくのであった。

例えば，バンドで音楽を制作する場合，これまでは楽器を持ち寄ってリハーサルスタジオで練習をするのが一般的であった。作曲を担当する者が弾き語りを録音した簡単なデモテープを他のメンバーに聞かせ，可能であれば譜面を書いて配布する。デモテープや譜面をもとに，各楽器の担当者が自分のパートを考え演奏をし，意見を出し合いながら作り上げていく。MIDIによる打ち込みができれば，他のパートを事前に作曲者が考えて完成のイメージを音で伝えることが可能である。管楽器や打楽器など自分が演奏できないパートでさえも，シミュレーションを行うことができる。もしくは，先にバンドの演奏を録音して持ち帰り，自宅で演奏を聞きながら他のパートを追加することも可能である。

コンピュータのハードディスクに録音をする**ハードディスクレコーディング**の代表的なシステム「ProTools」が開発されたのもこの頃である。MTRが進

化したことは，録音後の編集段階における自由度が高まったことになる。例えば，曲の長さが5分だとして，MTRで一つのパートを他のトラックに移動させる場合，5分間かかる。ハードディスクレコーディングの場合，コンピュータ上で一瞬にして複製することが可能である。切ったり，貼ったり，移動させたり，何回もリピートさせたりと，編集を自由自在に行うことができる。近年ではコンピュータ上での音声データ編集は当り前になったが，これまでの経緯を考えると，コンピュータで編集を行うようになってからの20年余りで音楽制作の方法は大きく変わったのである。

3.6 音楽産業とメディア

　良い音楽を作っても，それを多くの人に聞いてもらい，そして買ってもらわなければ音楽産業として成り立たない。音楽を広めるには当然さまざまなメディアを活用する必要がある。情報を伝えるメディアは時代とともに変わり，近年では多様化が進んでいる。新聞・雑誌・ラジオ・テレビの四大マスメディアに加え，インターネット上にさまざまなコミュニケーションの仕組みが存在する。本節では，音楽産業とメディアの関係について説明する。

3.6.1　メディアの変遷と音楽産業

　サイレント映画の時代，音のない映像に合わせて音楽の生演奏が行われていた。世界初のトーキーとして公開されたのが1927年の「ジャズ・シンガー」であるが，そのタイトルからもわかるとおり音楽映画である。映画と音楽は最初から深い関係にあったといえる。日本における初期の映画産業でも，すでにレコード産業とのタイアップが行われていた。日本では1914年（大正3年）にキネトフォンの「カチューシャの唄」など，ヒットした流行歌を題材にした映画が作られた。キネトフォンとは映画を見る装置のキネトスコープと蓄音機を組み合わせた仕組みである。また，1929年（昭和4年）には流行歌と映画が同時に企画・製作された「東京行進曲」が上映され，音楽はビクターレコー

ドから発売されて 25 万枚を売った。

1925 年（大正 14 年）3 月に社団法人東京放送局（現 NHK）が東京芝浦で試験放送を開始し，同年 7 月より東京愛宕山放送所から本放送が開始された。当時のラジオ放送の受信機は高価であったため，一部の上層階級がリスナーであった。そのため，放送では流行歌を避ける傾向にあり，海外のクラシック，ポピュラー音楽，日本製歌曲などが放送された。その後，レコードや蓄音機が普及して流行歌が好まれるようになると同時に，ラジオの受信機が庶民層に広まったことが重なり，ラジオでも流行歌を流すようになった。こうして，レコードを発売し，ラジオで全国民に向けて曲を放送するとレコードが売れるというメカニズムが生まれたのである。

1953 年に日本放送協会（NHK）によるテレビ放送が開始される。その後，マネジメント会社がレコードの原盤権を保持する，いわゆる**原盤制作**が行われた。1961 年に渡辺プロダクションによる原盤制作が行われ，所属する植木等が歌う「スーダラ節」が発売されたのが最初である。植木等は日本テレビの番組「シャボン玉ホリデー」に出演して人気があったため，日本全国でレコードもヒットした。その後も，1963 年に TBS テレビが「日音」を設立し外国曲の著作権管理を始めるなど，テレビ局が放送事業だけでなくレコード産業にも参入することになる。

1967 年にニッポン放送系のパシフィック音楽出版（現フジパシフィック音楽出版）が，フォーク・クルセイダーズの「帰って来たヨッパライ」を原盤制作するなど，ラジオ局も積極的にレコード産業に参入した。もともと，大阪でフォークソングの普及に力を入れていた個人が原盤を所有していたが，それを買い取り「オールナイトニッポン」で放送し 283 万枚も売れた。ラジオは音声メディアであるため，音楽との相性はとても良い。今でも，音楽アーティストは CD をリリースする前に全国のラジオ局に出演してプロモーションを行うことが多い。

戦後の早い時期から洋楽曲の音楽出版社として海外との音楽ビジネスに精通していた新興楽譜出版が原盤制作を行った事例もある。1965 年に坂本九のシ

ングルとして発売された「涙くんさようなら」を，翌年にジョニー・ティロットソンが英語と日本語でカバーしたシングルがポリドールから発売されヒットした。著作権を保持している音楽出版社らしい発想のビジネスモデルといえる。

　日本レコード協会の正会員であるレコード会社の資本関係を見ると，メディアとレコード産業の関係がよくわかる。まずは，キングレコード株式会社の例を見てみる。1931年に出版社である講談社にレコード部が設置される。そして，1951年にキングレコード株式会社が設立された。1985年には三洋電機株式会社が資本参加と業務提携をした。さらに2005年にはTBSテレビが資本参加と業務提携をした。つぎに株式会社バップの資本関係を見ると，株主には日本テレビホールディングス株式会社や読売テレビ放送株式会社など全国のテレビ局やラジオ局の名前が20社も並んでいる。それだけ番組放送とのタイアップに強いといえる。株式会社であるからには，これらの資本提携に基づきビジネスが展開される。つまり，それぞれのステイクホルダーが利益を上げることができるようなタイアップや連動企画などを実施することでレコード産業が成り立っているのである。音楽の権利を保持するだけでなく，誰と権利を共有するかが重要になってくる。特に，レコード産業においては，レコード会社とマスメディアが資本関係にあり，利益を上げる仕組みを構築した。

3.6.2　インターネットの普及と音楽産業への影響

　1991年にworld wide web（WWW）のサービスが始まり，1995年にマイクロソフト社がコンピュータのオペレーティングシステム（OS）であるWindows95を発売したことで，インターネットの普及が加速し，新たな巨大メディアが誕生した。世界中の人々がネットワーク上で繋がり，同じインターフェースを利用してウェブサイトにアクセスできるようになったのである。日本ではラジオやテレビなどの放送を行うには免許が必要であるが，インターネット上で情報発信をするのはネットワークにコンピュータを接続さえすれば誰でも可能である。総務省が発表した「情報通信端末の世帯保有率の推移」に

よるとパソコンの世帯保有率は1999年から2012年にかけて33.7%から75.8%に増えている。また，同じくインターネットに接続できるスマートフォンは2010年から2012年にかけて9.7%から49.5%に増えている（**図3.6**）。情報発信をする際にインターネットを重視しなければならない時代になったといえる。

図3.6 情報通信端末の世帯保有率の推移（%）[3]
（総務省のデータをもとに著者作成）

経済産業省が公開している特定サービス産業動態統計調査の結果を見ると，各種メディアの影響力を読み取ることができる。1988年から2014年までに新聞，雑誌，ラジオに対する広告費は約半分に減少していることがわかる。テレビの広告費は，アップダウンがあったものの，結果的には1.5倍近くまで上昇している。インターネットを含む他のメディアに対する広告費が2倍以上になっている。

インターネット広告を集客力のあるホームページ上に表示すると，興味のある人が広告をクリックしてさらに詳しい情報にたどり着くことができる。また，簡易動画を自動的に表示させると，不特定多数の人々に情報発信することも可能である。さらに，ソーシャルネットワーキングサービス（SNS）を活用すると，興味のある広告を利用者が拡散してくれるため，口コミ効果で情報を広めることが可能である。このように，四大マスメディアは一方向に情報を伝

えるのに対し，インターネットは双方向性のある仕組みとなっている．また，インターネットは四大マスメディアに比べてターゲットを絞りやすいことも特徴である．例えば，金曜日の 21 時から始まる特定のテレビ番組を見ている人の傾向を，性別や年齢層といった属性からある程度予測することは可能であるが，確かなものではない．

一方で，インターネット上にはさまざまなディジタルデータが存在するため，そのデータを活用してより詳細なマーケティング分析を行うことが可能である．あなたの購入履歴と同じ物を購入した他の利用客のデータを照合して，お勧めの商品を提案するレコメンデーションシステムもその一つである．インターネット以外には屋外広告，交通広告，イベントの実施，ダイレクトメールなどが含まれる．屋外広告や交通広告としては，近年デジタルサイネージが注目されている．デジタルサイネージとは，ネットワークに接続された大型ディスプレイでリアルタイム更新が可能な広告媒体である．音楽産業に限った話ではないが，多様化するメディアをいかに活用するかが問われている．

音楽産業にとってインターネットはつねに利益を生み出す新メディアというわけではない．1999 年に登場した音楽ファイル共有ソフト「ナプスター」は，自分が持っている楽曲のリストを世界中に公開し，音楽ファイルをダウンロードさせるものであった．音楽ファイルは CD から違法コピーしたものだったため，翌年には全米レコード工業会（RIAA）に提訴され敗訴しサービスを停止した．

合法的な音楽配信サービスであっても，海外企業が日本の市場に参入するには著作権処理が課題となっている．2003 年に米国の Apple Computer 社は同社のディジタルオーディオプレイヤー「iPod」に向けた音楽配信サービス「iTunes Music Store（iTMS）」を開始した．その後，日本でサービスが開始されるまで 2 年を要した．これは著作権保護の理解やレコード会社との契約に時間がかかったとされている．また，2008 年にスウェーデンで開始した音楽ストリーミングサービス「Spotify」（スポティファイ）は 2015 年の時点で世界 58 の国と地域でサービスが開始され，アクティブユーザーは 6 000 万人に達している

が，日本では 2011 年にサービスを開始するとプレスリリースして以来まだ開始されていない。2015 年 1 月にはソニーネットワークエンターテインメント（SNEI）が「Spotify」と提携することを発表した。ソニーは「PlayStation Network」を通じて同サービスを提供する予定で，これまで取り組んできた加入型音楽サービス「Music Unlimited」を停止することにした。そんな中，「Spotify」に対抗するかのように 2015 年 7 月に日本で開始されたサービスが「Apple Music」である。定額制の**音楽ストリーミングサービス**で，最初の 3 ヶ月は無料トライアル期間となっている。

近年スマートフォンが急激に普及し，つねにインターネットに接続して音楽や動画などのコンテンツを視聴することが可能になった。いつでもどこでも自分の好きな音楽が聞けるサービスの需要が高まっているのは確かである。今後も各社の音楽ストリーミングサービスの競争が激化することが予想される。本章の冒頭で述べたとおり，人類はとても長い時間をかけて音楽という文化を育んできた。今後もメディア技術の発展とともに，時代を超え，国境を越え，音楽が永遠に伝えられていくに違いない。

演習問題

〔3.1〕 レコード産業におけるトライアングル体制の図を書きなさい。また，アーティストに関わる三つの会社の役割を答えなさい。
〔3.2〕 JASRAC が設立された経緯を説明しなさい。
〔3.3〕 3 000 円の CD アルバムを販売したときの，著作権使用料はいくらか答えなさい。また，そのうち著作権管理事業者の手数料はいくらか答えなさい。
〔3.4〕 音楽ソフトがアナログからディジタルに変わったことで，音楽産業にどのような影響を与えたか答えなさい。
〔3.5〕 MIDI とは何の略か答えなさい。また，MIDI の登場により変化したことは何か答えなさい。
〔3.6〕 海外の音楽配信サービスが日本に参入する際の問題点を説明しなさい。

4章 音

◆ 本章のテーマ

　音はわれわれの身近に存在するもので，聴覚器官である耳を通して日常生活でのさまざまな情報を得ている。テレビやラジオなどのメディアが発信するニュース，鉄道やバスなどの交通機関でのアナウンス，ショッピングセンターや街中の至るところから聞こえてくるBGM，電話での会話，来客を知らせる呼び鈴，映画やアニメのセリフ，ゲームのサウンド，目覚まし時計…など，一人ひとりがその生活の中で，ごく当り前に無意識的に音を「聞いて」いる。また，自然の中で川のせせらぎや鳥のさえずり，虫の音に耳を傾けることもあるだろう。一方で，音楽を「聴く」という能動的・選択的な聴取行動もある。

　このように音は多面性を持つものであるが，いかにしてわれわれの耳に届くのだろうか。本章では，音の伝播プロセスと物理的特性について解説する。

◆ 本章の構成・キーワード

4.1　音の伝播
　　　振動，音波，疎密波，媒質
4.2　波形の表示
　　　縦波と横波，音の可視化
4.3　音の分類
　　　純音，複合音，正弦波，楽音，噪音
4.4　音の属性と波形による表示
　　　音の三要素，振幅，波長，周期，周波数，可聴域
4.5　倍音
　　　部分音，基音，上音，基本周波数，倍音列
4.6　複合音と倍音構成
　　　矩形波，三角波，鋸歯状波，フーリエ変換，周波数スペクトル，ホワイトノイズ，ピンクノイズ

◆ 本章で学べること

☞　音の発音原理
☞　音の波形の見方
☞　音の種類
☞　音色と倍音の関係

4.1 音の伝播

われわれの周りにはさまざまな**音**が溢れている。これらの音は，何らかの力の発生や作用によって発生した物体の運動・変化による振動（エネルギー）が弾性を持つ空気に伝わり，**音波**と呼ばれる「空気の圧力変化の波」を聴覚器官が捉え，それを内耳で電気信号に変換して脳に届けられることで「音」として認識される。

太鼓を例に考えてみよう。太鼓の皮の部分を桴で叩くと音が出る。このとき，桴で叩かれた皮の表面は急速で微細な振動を繰り返し，振動によって周囲の空気の分子が押しやられたり引っ張られたりする。すると，その場の空気の圧力（大気圧）よりも高い部分（密）と低い部分（疎）が生じ，**疎密波**として伝播する（図 4.1）。

図 4.1 音の発生と伝播

太鼓以外でも，身近なものでは机を叩いたり自身の手を合わせて叩いたりするといった動作でも音は発生する。いずれも，叩くことによって物体が振動し，空気を介してそれぞれの音がわれわれの耳に届く。このような振動を伝える介在物を**媒質**という。空気のような気体以外にも，液体である水や固体である金属なども音の媒質となる。シンクロナイズドスイミングでは室内だけでなく水中にもスピーカーが設置されており，競技者はそのスピーカーからの音を聴いて演技を行うことができる。また，鉄道のレールに耳を当てると，遠くを走る列車の車輪の音が聞こえる。このように，音の伝播には何らかの媒質を必要とする。真空では，空気の分子が極度に減少して媒質としての働きを持たないため，音は伝わらない。

4.2 波形の表示

音は空気中では,空気の分子の密度が連続的に変化する波(音波)であることを先に述べた。この波は,媒質の振動の方向と,波が伝播する方向が平行な**縦波**である。一方,水面に見られる波は,媒質としての水が振動する方向と,波が伝播する方向が直角となる**横波**である。この二つの波が伝播する様相の違いを図 4.2 に示す。

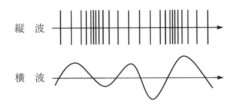

図 4.2 縦波と横波の伝播の違い

しかし縦波は,媒質の振動の方向と,波が伝播する方向が平行であることから,媒質が原点(もとにあった位置)からどのように移動したか,変化の様子が把握しづらい。そこで,視覚的にわかりやすくするため,**図 4.3** のように横波に変換して表示することが多い。この変換では,縦軸が媒質の原点からの変化量を表し,波が伝播する方向と同方向への変位を上に,逆方向の変位を下にとることで,時間の経過に伴う振動の変化が示される。

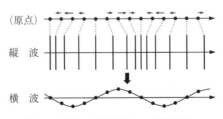

図 4.3 縦波の横波表示への変換方法

オシロスコープ(oscilloscope)は,電圧の変化を波形としてリアルタイムに表示する測定器であるが,目に見えない音を可視化する機器としても用いられる。オシロスコープにマイク(マイクロフォン)を接続し,マイクに内蔵さ

れている振動板が音波を受けると、その振動の状況が電気信号に変換されてオシロスコープで見ることができる。具体的には、「媒質の圧力の変化」が「電圧の変化」として捉えられ、縦軸を電圧軸、横軸を時間軸とするオシロスコープの画面に表示される仕組みになっている。また、コンピュータを用いた近年の音楽制作の現場では、楽曲データの入力機能のほかにオーディオ録音や編集の機能を備えた **DAW**（Digital Audio Workstation）と呼ばれる統合型音楽制作ソフトウェアが普及しており、DAWの機能の一つに、録音された音や楽曲の波形表示がある。これもオシロスコープと同様、本来は縦波である音波の様態を横波のように示して高い視認性を持たせることで、細かな編集作業を効率的に行えるようにしている。以下は、オシロスコープ（**図 4.4**（a））と音楽制作ソフトウェア（図（b））に表示される波形の一例である。

 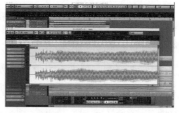

（a）　オシロスコープでの波形表示　　（b）　音楽制作ソフトウェアでの波形表示

図 4.4　音の波形表示

4.3　音 の 分 類

　音は、波形の形態の違いによって、**純音**（pure tone）と**複合音**（complex tone）の二つに大別される。

　純音は、「単純音」や「単音」とも呼ばれ、最も単純で周期的な波形である**正弦波**（sine wave）で表せられる。正弦波とは、物体が正円上を等速で移動する「等速円運動」を正射影して見られる「単振動」と同じ性質を持つもので、その波形は正弦曲線となる。ピアノの調律に用いられる音叉の音や、テレビやラジオの時報の音が純音に近く、自然界には純音は存在しない。

純音以外の音はすべて複合音であり，複数の純音が合わさってつくられることから，この名称で呼ばれる。われわれが日常で聞いている音のほとんどは複合音で，複合音は規則的・周期的な振動ではっきりとした**音高**（pitch）を持つ**楽音**（周期的複合音）と，不規則な振動で音高が不明瞭な**噪音**（非周期的複合音）に分けられる。楽音は，声や多くの楽器（一部の打楽器を除く）の音で，それ自体が音としての固有の性格を持つものである。噪音は楽音と相対する用語であり「非楽音」とも呼ばれる。打楽器やピアノの鍵盤を弾いた瞬間の音や，物がぶつかったり壊れたりしたときの音など，短い時間で発せられるものが多い。また，フルートや尺八を吹くときの息の音，弦楽器の弦を弓で弾くときに生じる摩擦音なども噪音に含まれる。以上を踏まえると，音は以下の**図4.5**のように分類される。

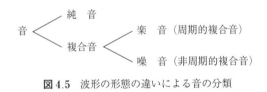

図4.5　波形の形態の違いによる音の分類

4.4　音の属性と波形による表示

音には「強弱」，「高低」，「音色」の三つの属性がある。その様相によって音の性格や特徴がつくられることから，これらを**音の三要素**という。また，音が持続する「長さ」も含めると四つの属性を持ち，横軸に時間，縦軸に変位（圧力の変化）をとって示される波形にそれぞれの様相を見ることができる。**図4.6**は，属性が最も単純な純音の波形である。

このように純音の波形は，なめらかな弧を描く正弦波となる。波の山の高さ（あるいは谷の深さ）を**振幅**，一つの波のパターンの山から山（あるいは谷から谷）の頂点を結んだ長さを**波長**，波の上下の1サイクルにかかる時間を**周期**という。音の強弱は振幅の大小と関連し，音の高低は1秒間に繰り返される波

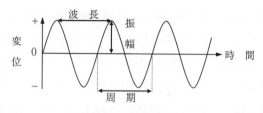

図 4.6　純音の波形

のサイクル数，つまり**周波数**（または**振動数**）によって規定される。周波数を表す単位はヘルツ〔Hz〕で，周波数が高い（振動数が多い）と高い音になり，周波数が低い（振動数が少ない）と低い音になる。人が音を聞いて「音」として感じられる周波数には個人差があるが，一般的には約 20 Hz から 20 000 Hz の帯域とされ，この帯域を**可聴域**という。また，可聴域を超えた低い音は**低周波音**，高い音は**高周波音**といい，高周波音は**超音波**と呼ばれることもある。人にはどちらも音として認識できないが，低周波音はその振動を身体に感じる場合がある。

4.5　倍　　　音

　純音の属性は音の強弱と高低の二つのみで，音色は純音として固有かつ単一のものであるが，複合音はその音を構成する純音の様態によって，さまざまな音色を持つ。複合音の構成要素となる個々の純音は**部分音**とも呼ばれ，その複合音での部分音のうち，周波数が最も低い音を**基音**（または**基本音**），それより高い周波数の音を**上音**という。基音の周波数を**基本周波数**といい，特定の規則的・周期的な波形が見られる楽音は，上音の周波数が基本周波数の整数倍になっている。

　基音に対してこのように整数倍の周波数を持つ音を**倍音**（harmonic overtone）といい，基本周波数の 2 倍の周波数の音は「第 2 倍音」，3 倍の周波数の音は「第 3 倍音」というように呼ぶ。なお，第 2 倍音は「第 1 上音」，第 3 倍音は「第 2 上音」となるので，「倍音」と「上音」のそれぞれの表記と

意味を間違えないよう注意が必要である。**楽譜 4.1** に倍音列の一部を示す。音符の下に付記した↓や↑は，後述の「平均律」によってつくられる音程（あるいは各音の音高）との高低差を表す。

楽譜 4.1 倍音列

4.6 複合音と倍音構成

前掲の楽譜 4.1 は，C 音を基音としてその第 16 倍音までを記譜したものだが，実際の楽器や声はさらに高い周波数の倍音を含んでおり，ある複合音の中でどの周波数の倍音がどのくらいの振幅を持つか，その違いが音色の違いとなって表れる。つまり，音色は倍音構成によって決定されるのである。つぎの**図 4.7** は，さまざまな倍音構成でつくられる基本的な波形で，左から順に**矩形波**（または**方形波**）（square wave），**三角波**（triangle wave），**鋸歯状波**（または**のこぎり波**）（sawtooth wave）という。なお，これ以降，音名はドイツ語表記を用いるものとする。

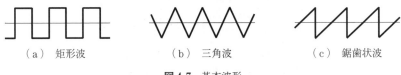

（a）矩形波　　　　（b）三角波　　　　（c）鋸歯状波

図 4.7 基本波形

複合音は**フーリエ変換**（Fourier transform）と呼ばれる数学的な処理を施すことで，その複合音が含む純音の様相を表すことができる（**図 4.8**）。

102   4.　音

（a）　複合音の波形（＝純音(1)＋純音(2)＋純音(3)の波形を合成したもの）

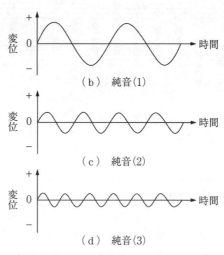

（b）　純音(1)

（c）　純音(2)

（d）　純音(3)

図 4.8　複合音を構成する部分音としての純音の波形

　さらに，それら部分音の周波数と強度は，**周波数スペクトル**（frequency spectrum）として可視化することができる。周波数スペクトルは横軸に周波数，縦軸にその強度を示す。例えば，ヴァイオリンの音は非常に高い倍音を持つことで知られているが，その周波数スペクトルは**図 4.9** のように表される。

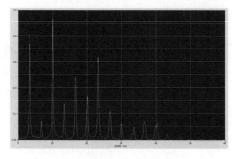

図 4.9　ヴァイオリンの周波数スペクトル

しかし，人が受ける音色の印象には，複合音が持続している間での各部分音の強さの変化やその変化のタイミング，さらに複合音自体の音の立上りや減衰といった時間経過に伴う変化も影響することを考慮する必要がある。

噪音は，楽音のような規則的・周期的な振動を持たず，打楽器を叩いた瞬間の音や，物がぶつかるときのような短時間で発音されるものが多いことを先に述べたが，持続性を持つ音がないわけではない。例えば，自然や生活空間では水の流れる音や街中の雑踏の音といった不規則に変化するものがそうであるし，人工的なものでは**ホワイトノイズ**や**ピンクノイズ**などがある。ホワイトノイズは，周波数スペクトルの強度がどの周波数成分もほぼ一定で，ピンクノイズは周波数が高くなるほど強度が弱くなるという特徴を持つ。

演習問題

〔4.1〕音はどのようなものか，物理的特性の面から説明しなさい。
〔4.2〕音がわれわれの耳に届くまでのプロセスを説明しなさい。
〔4.3〕「純音」と「複合音」の違いを説明しなさい。また，複合音は振動の違いによって大きく二つに分けられるが，それぞれの名称と，どのような音が該当するか例を挙げなさい。
〔4.4〕「音の三要素」となる音の属性を挙げなさい。
〔4.5〕波形における「振幅」，「波長」，「周期」，「周波数」を，それぞれ説明しなさい。
〔4.6〕「倍音」はどのようなものであるか説明しなさい。
〔4.7〕「フーリエ変換」を施すと，複合音はどのような波形に分解して示されるか説明しなさい。

5章 楽音の組織化

◆ 本章のテーマ

　前章では，音が持つさまざまな属性を，おもに物理的な側面から概観した。本章は，この中の「楽音」に焦点を置き，音楽における音高の組織化の手法と，それらのさまざまな試みの歴史を紐解いていく。

　ここでも音への物理的なアプローチが中心となるが，単なる物理現象としてではなく，「音による情動の発露」としての「音楽」のあり方を視野に入れる必要がある。何らかを表現したり伝達したりする働きを音楽が有したときから，音を秩序だったまとまりある事象へと昇華させる規則性や構成原理が求められた。それが，音律や音階，旋法といったもので，これらは「メロディ」と「ハーモニー」を生み出す細胞のようなものであり，音楽の根幹に関わる重要な要素として位置づけられる。

◆ 本章の構成・キーワード

5.1 音律
　　音高の組織化，オクターヴ
5.2 ピュタゴラス音律
　　完全5度音程の集積，ピュタゴラス・コンマ，シントニック・コンマ
5.3 純正律
　　三和音，3度音程の響き，倍音列との関係，大全音，小全音
5.4 中全音律
　　大全音と小全音の解消，転調の可能性の追求
5.5 平均律
　　十二平均律，自由な転調の実現，うなりを伴う響き
5.6 音階
　　全音階，長音階，短音階，音度，音名，階名，主音，属音，下属音，導音
5.7 旋法
　　テトラコード，古代ギリシア旋法，教会旋法，ジャズにおけるモード

◆ 本章で学べること

☞ 音高の組織化の方法とその歴史
☞ 音律の種類と，それぞれの長所と短所
☞ 音階と旋法の成立過程と，その後の長調と短調による機能和声との関連

5.1　音　　　律

　音には「強弱」,「高低」,「音色」のそれぞれの要素に物理的特性が認められる。その中でも音の高低差によって生じる響きについては,古来よりさまざまな論考と体系化が試みられてきた。ここに人間の「快」,「不快」といった原初的感覚に根ざした音や響きへの探求の姿勢とともに,理想とする美や調和の追求を見ることができる。

　特に西洋音楽では,このような探求や追求の精神は,音楽の形態や様相の変化となって強く現れるもので,切り離して考えることはできない。その歴史を紐解くと,音高の組織化に関わる**音律**（temperament）との深いつながりが浮かび上がってくる。ある音を基準にして,それと同じニュアンスを持つ音と捉えられる2倍,あるいは1/2倍の音との関係を**オクターヴ**（octave）というが,音律とは「オクターヴ内の音と音との間隔の数理的規定」である。なお,ある音から周波数が2^n倍の音は「nオクターヴ上」,$1/2^n$倍の音は「nオクターヴ下」として表せられる。

5.2　ピュタゴラス音律

　音に対して初めて科学的にアプローチした人物として,古代ギリシアの数学者・哲学者として知られる**ピュタゴラス**（Pythagoras, B.C.570頃〜B.C.497年頃）が挙げられる。彼は,ある長さを持つ弦を鳴らしたときの音をもとに,その弦の長さを1/2にするとオクターヴ上（2倍の周波数）の音が,2/3にすると完全5度上（3/2倍の周波数）の音が鳴ることを聴き,協和する二つの音の音程は1:2, 2:3といった単純な整数比によってつくられることを発見した。これを踏まえ,もとの音の周波数を3/2倍し,完全5度の音程の集積によって音高の異なる他の音をつくれると考えた。

　しかし,3/2倍をそのまま繰り返すと音高が上がり続けてしまうため,もとの音との音程関係が把握しづらくなってしまう。そこでオクターヴ違いの音は

同じ音であると見なし，個々の音がもとの音から1オクターヴ内に収まるよう，1/2倍，$1/2^2$倍，$1/2^3$倍…といった操作を行う．このような方法によって得られる音律を**ピュタゴラス音律**（Pythagorean tuning）という．つぎの**図5.1**は，C音を基点として完全5度ずつ上げて得られる，基点から数えて5番目までの音と，完全5度下げて得られる音を合わせて音階をつくり，基点の音と各音，および隣接する音の周波数比をそれぞれ示したものである．

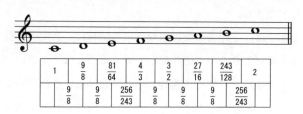

図5.1　ピュタゴラス音律での各音の周波数比

このピュタゴラス音律は二つの問題を持つ．

一つは，完全5度ずつ上げていった場合，もとの音のオクターヴとなるべき12番目の音の周波数比は2倍ではなく 2.027 286… という数値で，整数倍にならないことである．このように周波数比が2倍の真正なオクターヴと，完全5度の音程の集積によって理論的につくられるピュタゴラス音律でのオクターヴとの誤差を**ピュタゴラス・コンマ**（Pythagorean comma）といい，半音を100**セント**（cent）とする単位で見ると約 23.5 セント，つまり半音の約 1/4 に相当する．オクターヴが一致しないことから音律が延々と続いてしまうため，ピュタゴラスは2と見なして収拾を図ったようである．

もう一つは，図5.1でのC音とE音との間での64：81という複雑な周波数比を見ればわかるように，4：5の単純な周波数比からつくられる純正な長3度音程が得られないことである．前者の 81/64 と後者の 5/4（= 80/64）から，ピュタゴラス音律での長3度は純正な長3度に比べて 81/80 広い音程となり，約 21.51 セント（半音の約 1/5）の違いが生じる．この差を**シントニック・コンマ**（syntonic comma）という．もっとも，単旋律の音楽や，複数の旋律でも3度音程によるハーモニーを持たない音楽であれば，音律に不協和な3度音程

があるのはさほど問題にならなかった。

なお，ピュタゴラスがこのような理論を考案していたほぼ同時期に，中国では**三分損益法**と呼ばれる，原理的にはピュタゴラス音律と同じ方法で音律を得る研究がなされていた。

5.3　純　正　律

ピュタゴラス音律は16世紀ころまで使われていたとされるが，音楽の形態が中世の**グレゴリオ聖歌**（Gregorian chant）などに見られる単旋律での**モノフォニー**（monophony）なものから，高さの異なる旋律を重ね合わせる**ポリフォニー**（polyphony）が主流になるにつれて，5度・4度音程に加えて3度音程を用いることが一般的になり，それを美しく協和させるために**純正律**（just intonation）が使われるようになった。純正律は，ピュタゴラス音律で64:81の複雑な周波数比の長3度が4:5の単純な整数比になるため協和した響きを持ち，基点の音と音階各音との周波数比も同じように単純な整数比となることから，美しい響きが得られる特長がある。その原理はギリシアの天文学者で数学者，地誌学者でもあった**クラウディオス・プトレマイオス**（Claudios Ptolemaios，85頃～168年頃）の研究に見ることができ，音律としては15世紀後半に確立したとされる。

純正律を得る方法を，C音を基点に説明する。まず，C音から完全5度上（3/2倍の周波数）のG音，完全5度下（2/3倍の周波数）の1オクターヴ上，つまり完全4度上（4/3倍の周波数）のF音を得る。つぎに，このC音，F音，G音それぞれの長3度上（5/4倍の周波数）のE音，A音，H音，完全5度上のG音，C音，D音を導き出し，重複する音を取り除く。これにより，**図5.2**のような周波数比を持つ純正律がつくられる。□で囲った部分は，基点の音と各音との周波数比のうち，ピュタゴラス音律と異なるものを示す。

純正律の大きな特長は，C-E-G，F-A-C，G-H-Dのそれぞれの**三和音**（triad）を構成する音の振動数が4:5:6の単純な整数比となるため，う

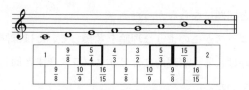

図 5.2　純正律での各音の周波数比

なりのない非常に協和した響きが得られる点にあり，3度音程（あるいは，その転回音程である6度音程）による響きが用いられるようになった14世紀以降，一般的な音律として広く普及するに至った。また，純正律での各音の間に見られる周波数比は，前章の楽譜4.1に示した倍音列における各倍音の周波数比と一致するので，純正律の響きの良さには，音の持つ物理的特性にも即している点も密接に関係しているといえよう。つぎの**図 5.3**に，純正律と倍音列との関係を示す。

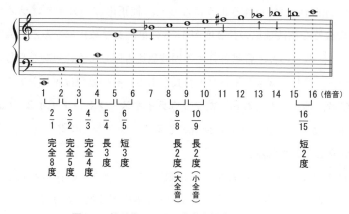

図 5.3　純正律における音程と倍音列との関係

しかしその一方で，全音（長2度）の周波数比を見ると，C–DとF–Gが8：9（約204セント），D–EとG–Aが9：10（約182セント）で，同じ全音でも音程が広いもの（大全音）と狭いもの（小全音）ができてしまうことや，これと関連して完全5度の周波数比がC–GとD–Aではそれぞれ2：3（約720セント）と27：40（約680セント）で異なることから，C–E–G，F–A–C，G–H–D以外の三和音は響きが著しく濁ってしまう問題を抱える。また，声や

弦楽器のように音高が自由に変えられるものは問題ないが，調律によって音律が固定される鍵盤楽器では，ある特定の音を基点とする音組織である**調**（key）も固定されるので，基点とする音を違う高さに変える**移調**（transposition）や，曲の途中で基点の音の高さを変える**転調**（modulation）が行えないため，演奏が制限されてしまう。転調は曲想を大きく変える効果を持ち，音楽のつくりの複雑化・多層化に伴って楽曲構造を支える重要な機能として重視されるようになったが，やがて**長調**（major key〔英〕，dur〔独〕）と**短調**（minor key〔英〕，moll〔独〕）の2種類の調を軸とする**調性**（tonality）が確立し，その調性をシステマティックに統制する**機能和声**（functional harmony）に基づく音楽が17世紀以降，主流を占め始めると，作曲家の表現手法の一つとなった。それゆえ，転調を含む楽曲が演奏できないことは，何としても解決すべき問題だったのである。

5.4　中全音律

　純正律の協和する3度音程を維持しながら転調を可能にしたのが**中全音律**（meantone system）で，イタリアの音楽理論家ピエトロ・アーロン（Pietro Aron, 1480頃～1550年頃）が1523年に発表したとされる。具体的には，3/2（= 1.5）の周波数比で協和する完全5度の音程をシントニックコンマ（約21.51セント）分，やや狭くとって，協和する5度音程の響きを犠牲にする代わりに，純正律での長3度を構成する大全音と小全音という2種類の全音の存在を解消し，二つの全音の周波数比を揃えることで転調の可能性を得るものである。「中全」という名称は，大全音の9/8（= 1.125）と小全音の10/9（= 1.111 111…）の中間となる $\sqrt{5}/2$（= 1.118 033…）の周波数比に基づく全音に由来するが，この周波数比は，協和する3度音程が持つ5/4（= 1.25）の周波数比の平方根になっている。

　ピュタゴラス音律ではC-Eの3度音程は，完全5度を4回積み重ねた17度音程を読み替えることから得られた。このときの周波数比は，$(3/2)^4$ = 5.062 5となるが，中全音律は2オクターヴのC音（周波数比は4）に，協和

する3度音程（周波数比は5/4）を加え，周波数比をちょうど5と見なす。これによって3度音程の協和性は確保されるわけだが，完全5度の周波数比 x は「$x^4 = 5$」から 1.495 348… となり，協和する5度音程の響きは得られない。また，転調が可能といっても，その範囲は限られたものとなっている。

5.5 平均律

1オクターヴ内に構成される各音間の周波数比を一定にし，各音の音程幅が均一になっている音律を**平均律**（equal temperament）といい，**等分平均律**とも呼ばれる。この条件を満たす1オクターヴの分割は，5，7，15，19，34，53などさまざまなものがあるが，一般的に「平均律」といった場合，12に等分割した**十二平均律**を指すことが多いため，本書でもそれを示す用語として扱う。

5.5.1 長所と短所

平均律の最も大きな特長は，あらゆる調への移調や転調を可能した点にある。これは，1オクターヴに含まれる12の音の各半音が同一の音程幅を持つことで実現されるもので，半音関係にある2音間の周波数比はどの部分も $\sqrt[12]{2}$（= 1.059 463…）であり，1オクターヴを1200セントとする単位で見ると，12等分された100セントの音程幅を持つ。このことから，全音は200セント，全音+半音は300セントといったように，1オクターヴ内のあらゆる音程が，半音の音程幅を基準とした集積で表せられる。

このような考え方の先駆けとしては，**アリストクセノス**（Aristoxenos, B.C.375/360 頃～不明）が著した『ハルモニア原論』（Elementa harmonica）での音階論が知られている。ここでは数理的な面より聴覚的・経験的な姿勢が重視されているものの，例えば「全音は2つの半音に等分される」，「4度は2つの全音と1つの半音によってつくられる」，「5度は3つの全音と1つの半音によってつくられる」といった主張は，等分平均律の思考とさほど大きな違いはないだろう。もちろん，当時の音楽の多くは単旋律であるから，和音を考慮し

5.5 平均律

ての移調や転調などの便宜を図っての発案ではない。

平均律の理論は17世紀に確立したが，これは当時の作曲家が音楽表現の一つとして重視し始めた転調に大きく貢献するものであった．広範で自由な転調が可能となったことは非常に画期的で優れた点である一方，オクターヴ以外で単純な整数比になる音程がなく，各音程の協和度がそれまでの音律と比較して低い点は短所とされる．例えば，C-E-Gの三和音で純正律と平均律を比べてみよう．先述のとおり，純正律では各音の周波数比は4:5:6という単純な整数になる．C音とE音の長3度は5/4（=1.25），E音とG音の短3度は6/5（=1.2），C音とG音の完全5度は6/4（=1.5）という周波数比を持ち，どの音程もよく協和する．しかし平均律では，長3度は$2^{4/12}=\sqrt[3]{2}$（=1.259921…），短3度は$2^{3/12}=\sqrt[4]{2}$（=1.189207…），完全5度は$2^{7/12}=\sqrt[12]{128}$（=1.498307…）となり，純正律と比較すると，長3度はやや広く，短3度と完全5度はやや狭い．各音程の周波数比は純正律に近い値ながら，その微細な差が，うなりを伴う響きを生む．つぎの**表5.1**に，純正律と平均律に

表5.1 純正律と平均律における周波数比およびセントの比較

音程	純正律		平均律		セントの差
	周波数比	セント	周波数比	セント	（純正律－平均律）
完全1度	1	0.00	1	0	0.00
短2度	1.06666…	111.73	1.059463	100	＋11.73
長2度	1.125	203.91	1.122462	200	＋3.91
短3度	1.2	315.64	1.189207	300	＋15.64
長3度	1.25	386.31	1.259921	400	－13.69
完全4度	1.33333…	498.04	1.334840	500	－1.96
増4度	1.40625	590.22	1.414214	600	－9.78
減5度	1.42222…	609.78	1.414214	600	＋9.78
完全5度	1.5	701.96	1.498307	700	＋1.96
短6度	1.6	813.69	1.587401	800	＋13.69
長6度	1.66666…	884.36	1.681793	900	－15.64
短7度	1.77777…	996.09	1.781797	1000	－3.91
長7度	1.875	1088.27	1.887749	1100	－11.73
完全8度	2	1200.00	2	1200	0.00

おける各音程の周波数比とセントの違いを示す。

5.5.2 普及の背景

今日，一般的な音律として平均律が幅広く定着しているのは，響きの協和度を多少犠牲にしながらも，転調をはじめとする音楽表現の面でのメリットがはるかに大きいからであろう。

また，平均律の広まりには音楽表現の面だけでなく，ピアノの普及が背景にあったことを視野に入れる必要がある。世界初のピアノは，イタリアのチェンバロ製作者である**バルトロメオ・クリストフォリ**（Bartolomeo Cristfori, 1655～1731 年）によって 1709 年につくられたとされる。チェンバロのボディを用いたことから今日のピアノとは異なるが，本体に張られた弦を，鍵盤を押してハンマーで叩くことによって発音する機構を持ち，ピアノの原型とされるものである。当時，ピアノを所有することは貴族や特権階級の一つのステイタスであり，富の象徴でもあった。

やがて，市民階級の間でも家庭やサークルなどで音楽を楽しむようになり，ピアノの需要は大幅に増えていった。18 世紀後半にイギリスで興った**産業革命**による技術革新の波はピアノの製造技術にも飛躍的な発展をもたらし，需要のみならず音域の拡張や音量の増大といった音楽表現の要求にも応える数多くの改良がほどこされたピアノが，ドイツをはじめとするヨーロッパ諸国で生み出された。さらに増加したピアノの弦の張力を支えるために，1825 年にアメリカで鋳鉄のフレームが製作され，その後，鋼鉄弦を張った現代のピアノに近いものがつくられるようになった。量産化は安価で容易な入手を可能にし，世界中にピアノが広まったことで，人々の日常生活の身近な楽器となっていった。

このようにして，「平均律」という名称を知らずとも，人々はピアノを通してその音律の響きに接してきたのである。今日ではコンサートホールやライブ会場，学校や音楽教室，一般家庭を含め，われわれはあらゆる場所でピアノを目にし，その音を耳にする。鍵盤を押せば音が出るシンプルな発音機構によって単音も和音も簡単に鳴らすことができ，低音から高音まであらゆる楽器をカ

バーする幅広い音域を持つ点は，楽器そのものが持つ魅力であるとともに大きな特長であり，世界的に普及した要因に挙げられる。それと関連して，ピアノを用いたシステム化された大規模な音楽教育の展開は，専門的な音感教育とは別の観点で，平均律化された耳を育てる環境をつくりだしたといえる。

こういった背景や状況のもと，世界で日々生み出されている音楽は，ジャンルやスタイルを問わず，平均律によるものが多数を占める。また，それらの音楽はテレビ，ラジオ，CD，インターネットなどのメディアからのほか，街中や店内でも，好むと好まざるとに関わらずわれわれの耳に入ってくる。その一方，電子楽器やコンピュータを用いた音楽制作が一般的になっている現状を見ると，音楽をつくる上での特定の音律による規定は不可欠なものでなく，さまざまな音律のあり方への道が開かれているともいえよう。つまり，「音楽を成り立たせる条件」としての音律から，「音楽表現の一部」としての音律という捉え方ができるのである。

本節で取り上げた四つの音律は，いずれもその時代の音楽と深い関わりを持ってきた。音楽と音律は不可分の関係にあり，地球上には音楽の数だけ音律が存在するといっても過言ではない。その中でも特に平均律は，その功罪について音楽教育や音楽学の領域で論議が行われて久しい。しかし，単に理論面での合理性や響きの協和度の高低で，音律としての優位性が保障されるわけではない。その音楽と表現にとって望ましい音律を考える柔軟な思考が必要だろう。

かつてないほど音楽の多様化と音楽聴取形態の多岐化が進んだ今日の状況を俯瞰すると，さまざまな価値観のひしめきあいが見られる。このような状況のもとで，音楽を聴くわれわれの耳の感覚は少しずつ変化しているように思えるが，音律に対する感性もそこに自ずと取り込まれ，変容していくと考えられる。

5.6 音　　階

音階（scale）とは，音楽において用いられている音を高さの順に1オクターヴ内に並べた音列である。古今東西さまざまな音楽があるが，それらの多くは

何らかの規則に基づいた音高と音程からなる音階を基礎につくられている。音階を構成する音程は広いものと狭いものが混在しているのが一般的で，その組み合わせ方の違いが，それぞれの国や地域・民族での音楽固有の「ニュアンス」や「趣」といったものをもたらす要素の一つとなる。また，音階には「音律」と深い関わりを持つものもある。音階も音律も，音程を理論的に扱う点で共通しているので，音律によって導きだされた複数の音高の可能性の中から吟味された音が，のちに音階として確立したものも少なくない。音律も音階と同様，ヨーロッパに限らず世界中のさまざまな地域に独自の形態があることから，音階の多様性を考える上で音律を視野に入れることは，その成立の過程を理解するのに役立つ。

　われわれが日常的によく耳にする音楽の多くは 1 オクターヴ内に七つの音を含み，五つの全音と二つの半音によって構成される**全音階**（または**全音階的音階**，diatonic scale）に基づくものである。全音階の起源は前述のピュタゴラス音律にさかのぼるが，音組織という明確な機能性を帯びて成立したのは，17 世紀から 18 世紀の西洋音楽においてである。そのような意味において，今日の音楽は当時の音楽と根本の部分で大きな相違はないと見なせるだろう。

　全音階は，ピアノの白鍵での任意の音から連続する 7 音（開始音の 1 オクターヴ上の音を含めれば 8 音）で構成され，その中での二つの半音の位置の違いによって音階として固有の性格や特徴を帯びる。それらの音階のうち，今日一般的に用いられるのは**長音階**（major scale）と**短音階**（minor scale）の二つである。以下に，長音階を構成する各音の名称を示す（**楽譜 5.1**）。短音階は

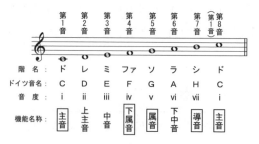

楽譜 5.1　長音階を構成する各音の名称

5.6 音階

音程構造の違いで三つの形態があり，これについては5.6.2項で述べる。短音階での各音もここに示した名称を持つが，形態によっては用いられない名称がある。

音階の開始音から第1音，第2音，…第8音（第1音）と呼び，これらは音階内での各音の相対的な位置関係を示す単位である**音度**（scale degree）と対応する。音度は小文字のローマ数字でⅰ，ⅱ，…ⅶと記し，ⅰ度，ⅱ度…ⅶ度と呼ぶ。開始音と1オクターヴ上の音は同音であるため，音度ではⅷではなくⅰと表す。

音名（pitch names）は，絶対的な音高（一定の振動数）につけられた名称で，日本では日本語（ハ，ニ，…ロ），英語（C, D, …B），ドイツ語（C, D, …H），イタリア語 [フランス語]（Do [Ut], Re [Ré], …Si）が混在して用いられている。一般的にポピュラー系の音楽では英語，クラシック音楽（西洋伝統音楽）に対してはドイツ語で表記することが多い。また，**階名**（syllable names）は，その音階内での相対的な音高（位置）を示す名称で，長音階ではイタリア語のド（Do），レ（Re），…シ（Si）が用いられる。このうち，日本語で「ソ」と呼ばれている音は本来「ソル」（Sol）と発音・表記されるものであり，「シ」（Si）も原語の発音に沿えば「スィ」とするのが望ましい。なお，先の4.6節で述べたように，本書ではドイツ語による音名表記としているので留意されたい。

音階は，外面的には高さの順に音が並んでいる形態だが，単なる音高順の音列ではなく，それぞれの音階を構成する各音は何らかの機能（役割）を持つ。そしてこれらの機能は，音階が音楽に秩序を与える音組織の一つとなる基盤としても大きく働くものである。楽譜5.1の「機能名称」に記載したもののうち，枠で囲った**主音**（tonic, key note），**属音**（dominant），**下属音**（subdominant），**導音**（leading tone）の四つは，音階の基本的な骨格となる特に重要な音である。また，**中音**（mediant）と**下中音**（submediant）は，音階の性格に関わるものとして機能する。なお，subdominantとsubmediantの接頭辞であるsub-は「下」の意味を持つことから，それが訳語にもそのまま適用されている。

「主音」は音階の起点の第1音（ⅰ）であり，音階を構成する上での基礎となる最も重要な音である。また，調の中心音としての働きを持ち，主音の音名が，長調・短調における調名を示す。楽曲の終結には主音が置かれていることが多い。

「属音」は主音から完全5度上の第5音（ⅴ）で，主音のつぎに重要な音である。「dominant」には「支配的な」という意味があり，このことから属音が主音を支配し，たがいに密接な関係性を持つ構図が見てとれる。音階を成り立たせる中心的な音は先述の主音であるが，主音だけではその働きや効力が明確にならない。主音の完全5度上に置かれ，その音程差によって不安定で緊張感を伴うニュアンスを醸し出すことで，安定した主音の存在を引き立たせるのが属音の役目である。つまり，音階内での「支配音」としての属音があって，初めて主音が主音としての機能を帯びるといえよう。

「下属音」は主音から完全5度下の第4音（ⅳ）で，主音と属音との音程関係と対称的な位置に置かれる。属音ほどの強い支配力はないものの，主音と密接な繋がりを持つ。

「導音」は音階の第7音（ⅶ）で，その上の主音と半音の関係を持つ。主音に進もうとする性質があり，「導音」という名称は「主音を導く音」を意味する。前述の属音とはまた違った観点から，主音と強い繋がりを持つ重要な音である。

第3音（ⅲ）の「中音」と第6音（ⅵ）の「下中音」は，どちらも音階の性格を形づくる音として機能し，長音階と短音階の特徴音となるものである。「中音」という名称は主音と属音の中間に位置することに由来し，中音は主音の3度上に置かれる。また，主音を軸に，下中音は中音と対称的な位置である主音の3度下に置かれる。主音と中音との音程は，長音階は主音から長3度（全音−全音），短音階は短3度（全音−半音）で，このわずかな音程の違いが音階の性格，ひいては長調か短調かを決定づける。主音から下中音までの音程は，長音階は長6度，短音階は短6度で，中音ほど強い影響を及ぼすものではないものの，長音階と短音階の違いを生み出す一要素として機能する。

5.6.1 長音階の構成

長音階の基本形態は全音階の「ド」を開始音とし，第3音と第4音，第7音と第8音（第1音）との間の2箇所が半音の「全音−全音−半音−全音−全音−全音−半音」の音程構造を持つ（**楽譜**5.2）。

楽譜5.2　長音階の音程構造（主音：C）

つぎの**楽譜**5.3はG音を主音とする長音階である。主音の音名が変わることで第2音以降の音名も変化するが，各音間の音程や階名・音度の表記は変わらない。第7音に変化記号の♯（sharp）がつけられてF音から半音高いFis音になっているのは第8音（第1音）との間を半音にするためであり，これによって長音階の音程構造が維持される。

楽譜5.3　長音階の音程構造（主音：G）

楽譜5.4はD音を主音とする長音階である。第7音のCis音は，先の楽譜5.3と同様，第8音（第1音）との間を半音にするための措置である。ここではさらに第3音にも♯がつけられ，第4音との間の半音関係が保たれている。

楽譜5.4　長音階の音程構造（主音：D）

楽譜 5.5 は F 音を主音とする長音階で，第 4 音に変化記号の ♭ （flat）がついている。これもこれまで見てきた ♯ を伴う長音階と同じように，H 音から半音低い B 音にすることで第 3 音と第 4 音の間を半音にし，長音階の音程構造の維持を図っている。

楽譜 5.5　長音階の音程構造（主音：F）

楽譜 5.6 は B 音を主音とする長音階である。ここでは主音そのものに ♭ がついているが，これはもともと半音である H 音と C 音との間を広げて全音にする一方，そのままでは全音の状態の第 7 音と第 8 音（第 1 音）の間を半音するための措置にほかならない。また，第 4 音に ♭ をつけて半音下げているのは，楽譜 5.5 で説明した理由と同じである。

楽譜 5.6　長音階の音程構造（主音：B）

主音が C 音の長音階では ♯ や ♭ といった変化記号を伴う音はなく，ピアノの白鍵の音のみで構成されるが，これらの音を**幹音**（または**自然音**，**本位音**）(natural tone) という。また，幹音に ♯ や ♭ がつけられて変化した音は**派生音**（または**変化音**, alteration）という。主音が C 音以外の長音階は何らかの形で派生音を含み，派生音によって長音階の音程構造が保たれている。長音階固有の全音と半音の組合せによる音程構造を維持する限り，どのような音が主音であっても長音階特有のニュアンスが生み出されるのである。

5.6.2 短音階の構成

全音階に基づく最も基本的な短音階は**自然短音階**（natural minor scale）と呼ばれるもので，全音階の「ラ」を開始音とし，第2音と第3音，第5音と第6音との間の2箇所が半音の「全音−半音−全音−全音−半音−全音−全音」の音程構造を持つ（**楽譜5.7**）。

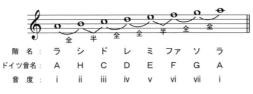

楽譜5.7 自然短音階の音程構造（主音：A）

上記の自然短音階にも先の楽譜5.1で示した「主音」や「属音」，「下属音」といった名称が適用されるが，第7音と第8音（第1音）の間が全音になっている状態の第7音は主音を導く機能を持ち得ず，「導音」とはならない。調性に基づく楽曲においては，機能和声の原理に依拠した明瞭な終止感や解決感の醸成と，それによって調性の確定度を確固たるものにするための導音の存在が不可欠である。これは旋律のみならず和音やその進行にも関わることで，長音階と同じように第7音と第8音（第1音）の間を半音にして第7音の導音化を図る必要がある。

そこで，自然短音階の第7音を半音上げ，第7音と第8音（第1音）の間を全音から半音にして第7音に導音の機能を持たせたのが**和声短音階**（harmonic minor scale）である（**楽譜5.8**）。

楽譜5.8 和声短音階の音程構造（主音：A）

このように第7音の導音化によって，主音への進行時に長音階と同様の終止感や解決感が得られたが，自然短音階では全音だった第6音との音程が旋律としては歌いづらい増2度となった。そこで増2度の解消を図るために第6音も半音上げた**旋律短音階**（melodic minor scale）が考案された（**楽譜 5.9**）。旋律短音階には「上行形」と「下行形」があり，下行形は自然短音階と同じ形態である。順次下行する旋律での第7音は導音の機能は不要であり，それに伴って第6音も半音上げる必要性がなくなるため，本来の短音階である自然短音階を用いる。

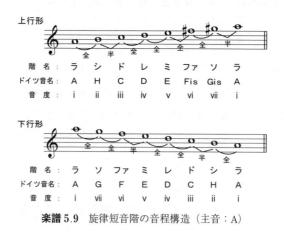

楽譜 5.9 旋律短音階の音程構造（主音：A）

旋律短音階の上行形では，第6音が半音上げられたことによって第4音以上の音程構造が長音階と同じとなる。しかし，短音階の大きな特徴である，主音と第3音の中音との短3度の音程は保たれているため，短音階の性格が失われることはない。

ところで，長音階では主音がC音の場合は幹音のみで構成され，C音以外のときは長音階固有の音程構造を維持するために派生音を含んでいた。この派生音の変化記号に着目すると，先の楽譜 5.3 と楽譜 5.4 で見たように，主音がG音では♯が一つ（Fis 音），主音がD音では♯が二つ（Fis 音と Cis 音）である。つまりここには，C音を主音設定の起点とし，そこから完全5度ずつ上方に音程をとって該当する音を主音にしていくと，音階内に♯を伴う音（あるい

5.6 音階

は♯の記号の数）が一つずつ増えていく規則性が認められる。また，楽譜5.5と楽譜5.6で示したように，主音がF音では♭が一つ（B音），主音がB音では♭が二つ（B音とEs音）である。今度は主音設定の起点としたC音から完全5度ずつ下方に音程をとって該当する音を主音にしていくと，音階内に♭を伴う音（あるいは♭の記号の数）が一つずつ増えていくことがわかる。

　この規則性は短音階にも見られる。幹音のみで構成される短音階は，主音がA音である。そこでA音を起点に完全5度ずつ上方に音程をとって主音をE音，H音，Fis音…としていくと，それぞれを主音とした音階内での♯の数が一つずつ増え，逆に完全5度ずつ下方にとって主音をD音，G音，C音…としていくと♭の数が一つずつ増えていく。このような完全5度を軸とする主音と変化記号との関係を円形の図にしたものを**五度圏**（circle of fifths）という（図5.4）。

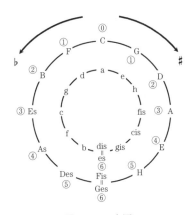

図5.4　五度圏

　外側の円の大文字での表記は長音階の主音，内側の円の小文字での表記は短音階の主音を示す。変化記号は右回りで♯が，左回りで♭が増えていく構図になっており，丸数字はそれぞれの音階が含む変化記号の数を表す。図のように♯も♭も増えていくが，どちらも六つとなったところで♯による表記と♭による表記が交差する。つまり長音階での主音であるFis音をGes音（あるいはその逆），短音階の主音であるdis音をes音（あるいはその逆）と見なすもの

で，音名は異なるものの同じ音高にあるこのような関係を**異名同音**（enharmonic）という。このほかH音やDes音を主音に持つ長音階，gis音やb音を主音に持つ短音階も，異名同音の関係にある音で表記することがある。ただし，異名同音は十二平均律でのみ通用するもので，純正律では対象となる2音は異なる高さを持つので適用されない。

さて，これまで長音階と短音階を中心に見てきたが，これらはすなわち「長調」と「短調」という対極的な2種類の調性を形成する音組織にほかならない。そして，先に示した五度圏は2種類の調性を軸に，長短それぞれの調性が有する12の調の相関を表すものでもある。

音階では，「主音」，「属音」，「下属音」が密接な繋がりを持っていたように，調においても**主調**（principal key）を中心に，その完全5度上の**属調**（dominant key），完全5度下の**下属調**（subdominant key）がそれぞれ緊密に結びついている。また，C-dur（ハ長調）とa-moll（イ短調），G-dur（ト長調）とe-moll（ホ短調）のように，共通した構成音を持つ長調（長音階）と短調（自然短音階）の関係を**平行調**（relative key），C-dur（ハ長調）とc-moll（ハ短調），G-dur（ト短調）とg-moll（ト短調）のように同じ主音を持つ長調と短調の関係を**同主調**（または**同名調**，parallel key）という。主調と強い関係性を持つ，これら四つの調（および属調と下属調それぞれの平行調も含む）を**近親調**（または**関係調**，related keys）と呼び，近親調以外の調は**遠隔調**（remote keys）という。なお，同主調関係にある二つの調は，五度圏においてたがいに離れた位置に置かれるが，双方の音階に見られる決定的な違いは第3音のみであり，主音はもちろんのこと，属音，下属音，導音（短音階では和声短音階と旋律短音階）が同一でたがいに共通の機能性を有する点で，同主調は一般的に近親調と見なされる。

このように五度圏の構図からも，各音階あるいは各調が独立して存在するのではなく，相互に関連しあって機能和声の原理の一端をなしていることが理解できよう。本書の趣旨から外れるため，ここでは調や調性，転調の詳細には触れない。また，そのほかの**七音音階**（heptatonic scale）や**五音音階**（pentatonic scale), **半音階** (chromatic scale), **全音音階** (whole-tone scale) などについては, 多くの楽典の本に説明があるので参照されたい。

5.7 旋　　　　法

　旋法 (mode) も音階と同様, 特定の音程構造と中心的な働きを持つ音を含む音組織であるが, 限定された音域で展開される, ある種の特徴的な傾向を持った旋律の動き（節回し）を伴うものである。「旋法」という用語は, 本来は「様式」や「尺度」を表すラテン語のmodusに由来する語を明治時代に訳して生まれたもので, 同時期の造語である「旋律」が,「メロディ」（律）の「動き・めぐり」（旋）を表すものとされたことから, その「旋律の動かし方の手法（様式）」の意味で考案されたと思われる。

　ゆえに, 「旋法」は単に音の組織形態を示す音列ではなく, 旋律による音楽の「語り口」をも内包する概念と捉えられる。この「語り口」は西洋の音楽のみならず, 世界の国々や地域・諸民族の音楽の源泉でもあり, 例えばインドの**ラーガ**（rāga）やアラブ諸国の**マカーム**（maqām）などの旋法, 中国の**呂旋法・律旋法**, 日本の**陽旋法・陰旋法**などが挙げられる。また20世紀以降に人為的に創案された旋法としては, **オリヴィエ・メシアン**（Olivier Messiaen, 1908～1992年）の**移調の限られた旋法**（modes à transpositions limitées〔仏〕）が知られている。これらの旋法の詳述は他書に譲り, 本節では西洋音楽史に名を残す代表的な旋法に絞って, 形態の概要説明にとどめる。

　西洋における旋法は, 歴史的には古代ギリシアと中世の二つの時期に音楽理論としての大きな確立が図られたと考えられている。古代ギリシアの旋法の成立過程は専門家によって意見が分かれるが, B.C.8世紀ころに考案された**テトラコード**（tetrachord）の理論をもととする説がある。「テトラコード」はその名前が示すとおり, もともと「4本の弦」を意味し, **リラ**（または**ライアー**, lira〔伊〕, lyre〔英・仏〕）と呼ばれる4弦の竪琴の調弦法, あるいは指づかいがもととされる。転じて4度音程をなす2音を枠として, その中にさらに2音

を加えた4音からなる音階を指すようになった。

初期の基本的なテトラコードは，それぞれ音程構造が異なる**ドリア**（Doria），**フリギア**（Phrygia），**リディア**（Lydia）の3種があった（**楽譜 5.10**）。

楽譜 5.10 古代ギリシアの基本テトラコード

これらの音階を下行形で表すのは，当時の詩の朗誦における言葉の抑揚との関連があるとされる。古代ギリシアでは音楽は独立した分野ではなく，他の芸術と一体化したものであり，今日のように器楽と声楽との明確な区別もなかった。そして，詩は歌うような朗誦を規範とし，読むべきものとしてより聴かれるべきものであった。このように，「音楽」，「文芸」，「舞踏」の諸芸術が渾然一体となって融合したものを**ムシケー**（mousikē）といい，当時の芸術の理想とする姿であり，芸術表現における精神的理念でもあった。「ムシケー」は，ギリシア神話で人間のあらゆる知的活動を司る**ムーサ**（Musa）あるいはその複数形を表す**ムーサイ**（Musai）と呼ばれる女神たちに由来する。英語では**ミューズ**（Muse），**ミューゼス**（Muses）で，これが**ミュージック**（music）の語源である。

先に示した3種のテトラコードはその後，テトラコードの連結による音域の拡大が図られ，それぞれ異なる音程構造を持つ7種の音階による**オクターヴ属**（または**オクターヴ種**，harmoniai〔希〕，octave species〔英〕），すなわち基本となる「旋法」が編み出された（**楽譜 5.11**）。これには，詩人で音楽家であった**テルパンドロス**（Terpandros, B.C.7世紀頃）が7弦の楽器を考案したことや，音楽理論そのものの体系化が進んだことが背景にあるとされる。

楽譜5.11では，disjunct（「分離した」の意）と conjunct（「結合した」の意）というテトラコードの連結の違いによって，これら7種の旋法を分けて示している。disjunctの「ドリア旋法」，「フリギア旋法」，「リディア旋法」は，二つのテトラコードの音が重ならないように組み合わせられたものである。**ミ**

5.7 旋法　　125

楽譜 5.11　古代ギリシア旋法

クソリディア（Mixolydia）旋法は変則的な構成で，ドリア型の二つのテトラコードを conjunct の方法で繋ぎ，一番上に音を追加してつくられた。conjunct によるものは，「下に」を意味する「ヒポ」がついた**ヒポドリア**（Hypodoria），**ヒポフリギア**（Hypophrygia），**ヒポリディア**（Hypolydia）の3種の旋法がある。これらは「ドリア旋法」，「フリギア旋法」，「リディア旋法」を構成する上下のテトラコードの位置を入れ替え，各旋法の最初の音を軸として重ねて繋ぎ，7番目の音の下に1音を追加してつくられるもので，それぞれもとの旋法の5度下の音を一番上に置いた形態となる。

　これら7種の旋法は，それぞれの旋法での固有の中心音は持たないが，四つのテトラコードを繋げてつくられる，2オクターヴにわたる**全音階的完全組織**（systema teleion〔希〕，greater perfect system〔英〕）での**メセー**（mese〔希〕）と呼ばれる中央のA音が旋律における重要な音とされた（**楽譜 5.12**）。各旋法で置かれる位置が異なる「メセー」は，音程構造とともに個々の旋法を特徴づける要素となっている。

　中世のヨーロッパでは，**教会旋法**（church modes）が西洋音楽の音組織の

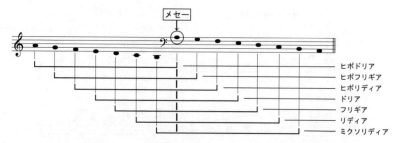

楽譜5.12　全音階的完全組織における各旋法の配列

中心となった。この旋法の体系化はグレゴリオ聖歌の発展・普及と密接に繋がるもので，「教会旋法」という名称もそれに由来し，基本的には**正格**（autheticus〔羅〕, authentic〔英〕）4種と，その派生形態である**変格**（plagalis〔羅〕, plagal〔英〕）4種の計8種からなる。いずれの旋法も，曲の最後の置かれる**終止音**（finalis〔羅〕）と，何度も現れたり長く延ばされたりする**支配音**（confinalis〔羅〕）を伴うことから，古代ギリシアの旋法よりも音の動きの点で機能性が見られ，それが各旋法の性格や旋律の動きを特徴づけるものとなっている。このような特定の旋法内で中心的な役割を果たす「終止音」と「支配音」の存在は，その後の機能和声に基づく音楽に見られる「主音」と「属音」といった機能性の萌芽ともいえよう。

　これら8種の旋法は，初期においては「正格」と「変格」の名称に分けて番号が付されていたが，やがて第Ⅰから第Ⅷの通し番号が付記され，9世紀ころには古代ギリシア旋法と同様の名称で区分されるようになった。しかし，教会旋法と古代ギリシア旋法との間には音楽的な繋がりはなく，各旋法の開始音も異なっているので，両者を混同しないよう注意が必要である。なお今日，単に「旋法」という場合は「教会旋法」を指し，それぞれの旋法の名称も教会旋法でのものを示すことが多い。つぎの**楽譜5.13**に，基本8種の教会旋法を示す。古代ギリシア旋法は下行形であったが，教会旋法は上行形で記譜される。「正格旋法」は終止音から上に1オクターヴの音域を持ち，「変格旋法」は終止音の下に4度，上に5度の音域を持つ。ここでは終止音と支配音は，それぞれ○と□で囲った全音符で表している。

5.7 旋法　127

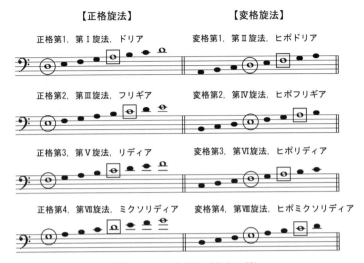

楽譜 5.13　教会旋法（基本 8 種）

16 世紀に入ると，スイスの音楽理論家**ヘンリクス・グラレアヌス**（Henricus Glareanus, 1488〜1563 年）がその著作『12 旋法論』（Dodecachordon）で，A 音と C 音を終止音とする音楽がすでに存在することを例証し，**エオリア**（Aeolian）と**イオニア**（Ionian），およびその変格の**ヒポエオリア**（Hypoaeolian）と**ヒポイオニア**（Hypoionian）の 4 種が加えられた（**楽譜 5.14**）。この 12 種の旋法のうち，「エオリア」と「イオニア」の二つが「自然短音階」と「長音階」として残り，その後の西洋音楽の中心的な音組織として今日まで用いられることとなった。

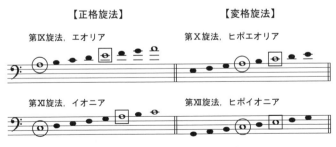

楽譜 5.14　教会旋法（追加 4 種）

5. 楽音の組織化

　16世紀以降は，変化音を含む複雑な音の動きや単旋律から複旋律への音楽様式の変化が見られ，それに伴う和音や和声的な手法の多様化が進んだ。それは，声楽から器楽へと作曲の中心が移り，音域や楽器編成の拡大といった音響面での発展も関係している。このような大きな変化に「エオリア」と「イオニア」の二つの旋法は最も適応し，「旋法による音組織」から「機能和声による音組織」への移行と，長短二つの調性への収斂への架け橋となった。

　やがて，教会旋法に基づく音楽は徐々に廃れていったが，機能和声の音楽が中心の時代にあっても旋法性を内包した楽曲は少なからず作られていた。このような事実に即して考えれば，旋法に基づく音楽と調性音楽とは単純に区分されるものではなく，また対立するものでもないといえよう。実際，17世紀から19世紀半ばにかけての**バロック**，**古典派**，**ロマン派**の時代にも，**バッハ**（Johann Sebastian Bach, 1685〜1750年）や**ベートーヴェン**（Ludwig van Beethoven, 1770〜1827年），**ショパン**（Frédéric François Chopin, 1810〜1849年），**ブラームス**（Johannes Brahms, 1833〜1897年），**ムソルグスキー**（Modest Petrovich Musorgsky, 1839〜1881年），**チャイコフスキー**（Pyotr Il'yich Tchaikovsky, 1840〜1893年），**フォーレ**（Gabriel Fauré, 1845〜1924年）といった作曲家に代表される作品に旋法性が認められ，その後の19世紀末から20世紀初頭にかけての**近代**における機能和声の崩壊（拡大）にあっては，特に**ドビュッシー**（Claude Debussy, 1862〜1918年）と**ラヴェル**（Maurice Ravel, 1875〜1937年）の作品に顕著である。この二人のフランスの作曲家は，音楽史において和声の面で革新的な試みを行ったことで知られるが，旋法においてもそれを単なる音組織としてではなく，音楽表現の重要な要素として取り込み，旋法の新たな可能性をさまざまな作品で示唆している。そしてその精神は，前述のメシアンに受け継がれていった。

　また，20世紀半ばには，ポピュラー音楽の文脈の中で教会旋法が復権し，旋法の新たな地平を切り開いた。**ジャズ**（jazz）は西洋音楽とアフリカの音楽との出会いによって19世紀末にアメリカ南部のニューオーリンズで生まれた音楽で，初期の**ニューオーリンズジャズ**（New Orleans jazz），**ディキシーラン**

ドジャズ（Dixieland jazz）をはじめ，**スウィングジャズ**（swing jazz），**ビバップ**（または**バップ**，be-bop, bop）などのスタイルを経て，1950年代中頃に教会旋法を取り込んだ**モードジャズ**（modal jazz）へと至った。

その先鞭をつけたのがジャズトランペット奏者で作曲家の**マイルス・デイヴィス**（Miles Davis, 1926～1991年）で，1959年に彼が発表した『カインド・オブ・ブルー』（Kind of Blue）は，モードジャズを代表するアルバムとして知られている。「ビバップ」は基本となるコード進行をもとに，西洋音楽における和声法の「借用和音」に相当する**セカンダリードミナント**（secondary dominant）や転調，コードの非構成音である**テンション**（あるいは**テンションノート**，tension, tension note）の多用が特徴であるが，それにより調性感が希薄となり，楽曲を成り立たせるための新たな理論的支柱を必要とした。その閉塞感を打開するために，マイルス・デイヴィスが教会旋法を手がかりに**モード**（mode）の導入を試み，規定のコード進行やそれに束縛された即興演奏から脱却した独自のスタイルを提唱して，ジャズにおける新たな表現を追求した。即興演奏の自由度はそれまでのスタイルと比較して高まったが，教会旋法での「終止音」，「支配音」に相当する**中心音**（center tone, tonal center, axis）と**特性音**（characteristic note）を意識したフレージングが重視される。

ジャズ以外のポピュラー音楽でも，教会旋法をはじめとするさまざまな旋法が用いられており，今日でもそれらは大枠としての調性と共存して，われわれの耳に届いている。

演習問題

〔5.1〕 ピュタゴラスが発見した，弦の長さと鳴らされる音程との関係とはどのようなものであるか説明しなさい。

〔5.2〕 ピュタゴラス音律における二つの問題点を挙げなさい。

〔5.3〕 純正律の長所と短所を述べなさい。

〔5.4〕 中全音律の長所と短所を述べなさい。

〔5.5〕 平均律の長所と短所を述べなさい。

- 〔5.6〕 平均律が普及した背景を説明しなさい。
- 〔5.7〕 「音階」と「旋法」の違いを説明しなさい。
- 〔5.8〕 「長音階」と「自然短音階」の共通点と相違点を述べなさい。
- 〔5.9〕 「自然短音階」，「和声短音階」，「旋律短音階」の違いを説明しなさい。
- 〔5.10〕 「音名」と「階名」の違いを説明しなさい。
- 〔5.11〕 音階における「主音」，「属音」，「下属音」，「導音」のそれぞれの機能を説明しなさい。
- 〔5.12〕 五度圏とはどのようなものか説明しなさい。
- 〔5.13〕 古代ギリシア旋法の名称をすべて答えなさい。
- 〔5.14〕 12種の教会旋法の名称をすべて答えなさい。また，その中で「長音階」と「自然短音階」となった旋法名を挙げなさい。
- 〔5.15〕 ジャズに教会旋法が取り入れられた背景を説明しなさい。

6章 拍子・リズム

◆ 本章のテーマ

　音の出現は，それまでの静謐（せいひつ）な状態との違いを引き立たせ，時間の経過をわれわれに知覚させる。それは周期的であれ非周期的であれ，「ある」ものと「ない」ものとの境界線を明確に示すものであり，同時にリズムの胎動を感じさせるものでもある。

　音楽においては前章の「音高の組織化」と同様，「リズムの組織化」が作品としての成立に大きな意味を持つ。それは継時的に発音される現象のみならず，人間の内面で心理的に生起する拍子感と不可分の関係にある。本章では特に，リズムの下部構造として位置づけられる「拍節」との繋がりを重視し，それとの関係におけるリズムのあり方と，その効果を考えてみたい。

◆ 本章の構成・キーワード

6.1　パルスと拍
　　　連続性，テンポ，重心の発生，アクセント
6.2　拍子と拍節
　　　周期性，強拍，弱拍，拍子感の創出，拍節法，エネルギーの周期変化
6.3　リズム
　　　拍節的リズム，自由リズム，定量記譜法
6.4　拍節から逸脱するリズム
　　　シンコペーション，アクセントの移動，弱起，ヘミオラ
6.5　複数のリズムの位相変化によって生じる現象
　　　ポリリズム，クロス・リズム，ポリメトリック

◆ 本章で学べること

☞　音楽における時間性の認知
☞　パルスと拍，拍子の違い
☞　拍節とリズムとの関係

6.1 パルスと拍

時計の秒針の音や車のウインカー音，踏切の警報音，輪転印刷機の稼働音など，一定間隔で連続的に発音される状態や，そのような状態をつくる個々の音を**パルス**（pulse）と呼ぶ。一般的に「パルス」は，電気・電子に関する用語として，「非常に短い時間内に電流や電波などの大きさが急激に変化する波形や，その波形の周期的反復」を意味する。また，医学用語としては「脈」，「脈拍」のことを指す。ここでは，「時間軸上に等間隔で出現する刺激と，それが続く状態」と捉えよう。つまり，音に限らず視覚的な刺激もパルスであり，先の例でいえば，ウインカーの明滅や輪転印刷機で回る円筒状の版といったものである。

個々のパルスが出現する間隔の度合いによって**テンポ**（tempo）の違いが生じ，間隔が短ければ「速い」，長ければ「遅い」と認識される。つぎの**図6.1**は，パルスの出現箇所を○で示し，出現間隔の異なる2種のパルスを図に表したものである。

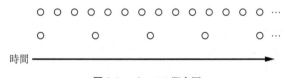

図6.1　パルスの概念図

一定の間隔と強さで鳴っている連続音を聴いていると，やがてその音を知覚しなくなるような経験はないだろうか。音は鳴り続けているにも関わらず，「聴いている」という感覚が知らないうちになくなっている。ふと気づいて再び注意を向けると，その音が聴こえてくる。ときには一定の強さであるはずなのに強弱の差異が感じられてくることもあるだろう。ここに無変化の事象に対して何らかの意味を見出そうとする，人間の本能行動の一端が垣間見える。

実際には音の強さに何ら変化がないところに強点，つまり**アクセント**（accent）の周期的な有無あるいは強弱を感じると，それまで等質・等価値だっ

たパルスが，差異性を持つ組織だった一単位として捉えられてくる。このとき，その一単位を構成するパルスのことを**拍**（beat）という。**図 6.2** は拍の概念図で，パルスの中でアクセントを感じる部分を●とし，そこを起点につぎのアクセントが出現するまでの一定数のパルスを枠で囲み，一単位を示したものである。一単位が二つの音から構成されれば「2 拍」，三つであれば「3 拍」，四つであれば「4 拍」と呼ばれる。

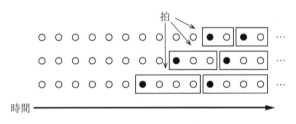

図 6.2 拍の概念図

拍はアクセントの周期性の違いによって分類されるが，アクセントは物理的な音の強弱のみによって生み出されるのではないことを理解する必要がある。もちろん，音の強弱がアクセントの違いとして知覚されることもあろう。しかし，先に述べたように，拍のもとであるパルス自体は必ずしも外部から発せられ耳で捉えられる音であるとは限らず，どこを強点と見なすか（他とは異なるものとして意味づけるか）という，人の内面での「感覚的・心理的なはたらき」がアクセントの規定に大きく関わる点は考慮すべきである。

6.2　拍 子 と 拍 節

6.2.1　定 義 と 特 徴

拍子（meter）は，拍が一定数，集まって反復することで形成される。繰り返される一定数が 2 のときは「2 拍子」，3 のときは「3 拍子」，4 のときは「4 拍子」と呼ばれ，拍子の違いは，拍の強弱の周期性によって生じる。この周期性は，アクセントを伴う（伴っていると感じられる）強い拍の出現位置で規定

され，強い拍を**強拍**（downbeat），それより相対的に弱い拍を**弱拍**（upbeat）という。「downbeat」，「upbeat」の用語が示すように，強拍を**下拍**，弱拍を**上拍**と呼ぶこともある。

また，強拍と弱拍によってつくられる「一定数の拍の集合体」を**拍節**（Metrum〔独〕）という。拍節は「一単位内での拍の構造」であり，拍節を形成する拍は**基本拍**として拍子感を生み出す重要な働きを持つ。拍節そのものの組織化や，リズムやアーティキュレーションといった他の音楽要素によって拍子感を生み出す手法は**拍節法**（Metrik〔独〕）と呼ばれる。「Metrik」はもともと，詩などの韻文を構成する手法や規則の「韻律法」を意味する語で，音声上の長短・高低・強弱，母音・子音の配置，音節の数やその形式などを組み合わせてつくられる，言語におけるリズムや調子について検討・分析するものである。

なお本書では，基本拍（2拍子の「強・弱」，3拍子の「強・弱・弱」，4拍子の「強・弱・中強・弱」）以外の拍を**弱拍部**と呼ぶこととする。拍は「心理的な強点」であり，その強弱は絶対的でなく相対的に感得される。このため，「基本拍の強さと比較して弱い」ことを示す意味で「弱拍部」という語を用いる。また**強拍部**は，前後の拍と比較して強く感じられる部分をいう。2拍子を例にとると，「強・弱」の基本拍以外の拍点はすべて弱拍部となるわけだが，第2拍は弱拍でありながら，それら弱拍部と比べると強拍部と位置づけられる。「弱拍部」，「強拍部」は，それぞれ「拍の弱部」，「拍の強部」ともいう。

西洋音楽において，一つの拍節が持つ時間単位を楽譜上で視覚化したものを**小節**（measure, bar）といい，小節は**小節線**（bar-line）と呼ばれる縦線で区切られて表される。1小節のみでは単に拍節の提示に過ぎず，拍子になり得ない。拍子の確立には第1拍に置かれる強拍の周期性が不可欠であり，周期性の創出には少なくとも2小節を必要する。これが先述の「拍が一定数，集まって反復すること」の意味する内容である。以下に各拍子の拍節構造をつぎの**図6.3**に示す。2拍子は「強・弱」，3拍子は「強・弱・弱」，4拍子は「強・弱・中強・弱」の拍節構造を持つ。

前節で，「拍の強弱」はイコール「音の強弱」ではないことを確認したが，

6.2 拍子と拍節   135

2拍子　|● ○|● ○|● ○|● ○|● ○|● ○|● ○|● ○| …

3拍子　|● ○ ○|● ○ ○|● ○ ○|● ○ ○|● ○| …

4拍子　|● ○ ◎ ○|● ○ ◎ ○|● ○ ◎ ○|● ○| …

図 6.3　各拍子の拍節構造

ここでいう「アクセント」は物理的な音の強さだけでなく，音高の変化（**楽譜 6.1**）や音色の差異（**楽譜 6.2**）によっても生じ，その様相から拍子を感じとることができる。

楽譜 6.1　音高の変化によって生じる拍子感

楽譜 6.2　音色の差異によって生じる拍子感

音色の差異によって拍子を示すものとして，楽器の練習の際に用いられる**メトロノーム**（metronome）が挙げられる。メトロノームには，「機械式（ねじ巻き式）」（**図 6.4（a）**）と「電子式（電池式）」（図（b））の二つの駆動方式

（a）機械式　　　　　（b）電子式

図 6.4　メトロノーム

があるが，最近ではこれらのメトロノームの外観を模してパソコンのブラウザ上で動作するものやスマートフォンのアプリとしてつくられたものも多く見られる。機械式では強拍にベル音が鳴らされ，電子式では弱拍と比べて音高が高く先鋭な音色が強拍に割り当てられることにより，設定した拍子が認識できるようになっている。

なお，テンポの速さを表す記号として，**M.M.** や **BPM** がある。M.M. は **Metronom Mälzel（Mälzel's Metronome）** の略で，1812 年にオランダの**ディートリッヒ・ニコラウス・ヴィンケル**（Dietrich Nicolaus Winkel, 1780 〜 1826 年）が発明したメトロノームを改良したドイツの**ヨハン・ネーポムク・メルツェル**（Johann Nepomuk Mälzel, 1772 〜 1838 年）の名にちなむものである。一般的には「M.M. ♩= 60」のように表記され，この例では「4 分音符を基準音価とし，1 分間に等間隔で 60 拍を打つ速さ」のテンポを示す。また，M.M. を省略して単に「♩= 60」と表記する場合もある。また BPM は **Beats Per Minute** の略で，その言葉のとおり「1 分間に等間隔で打たれる拍数」を示す。おもに DAW や電子楽器でのテンポ設定で用いられる用語である。

これら聴覚によるものだけでなく，視覚からも拍子感を見出すことがある。例えば，発光の様相が周期的に変化する物体があるとする。この場合，発光の明るさの違いだけでなく，光源の大きさが変わったり異なる色が光ったりすることでも拍子を感じられるだろう。それらの例を図 6.5 に示す。

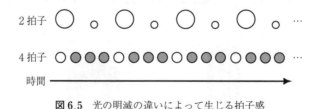

図 6.5 光の明滅の違いによって生じる拍子感

また，人間の身体の動きでも同様の現象が見られる。例えば，「右」，「左」，「左」，「右」，「左」，「左」…といったように，右腕を 1 回，そのあと左腕を 2 回，一定の間隔と強さ（速さ）で前に突き出される動きを観察し続けるとする。

すると，右腕の動きを軸とした周期性が徐々に感じられ，それはやがて「右・左・左」をひとまとまりの動作とする3拍子として認識されるようになる。

このようにアクセントや拍子は音の強弱のみならず，それ以外の要素や事象によっても生じることを理解する必要がある。

6.2.2 エネルギーの周期変化としての拍子

規則的なパルスの中に周期的に出現する異なる事象に対して，人はある種のアクセントを感じとる性向がある。そのアクセントは単に事象の物理的な強度（音や光の強さ）だけでなく，他との差異によって引き起こされる「心理的な強点」といえる。このことから拍の「強さ」を「重さ」と捉え，「強弱」を「重軽」として考えると，「強拍」，「弱拍」という用語が示す本来のニュアンスを，より的確に把握しやすくなるだろう。

先に示した各拍子では，いずれも第1拍が最も強い（重みのある）拍として位置づけられている。第1拍を示すための演奏における指揮の基本的な動作は，ボールが地面に落ちるように腕を脱力して下ろし，地面に当たって弾むような動きであるが，そのもととなるイメージは重力による加速度を伴う「円運動」である。この円運動は，つねに一定の速度が保たれるものではなく，加速と減速を繰り返す速度の変化がみられ，そこにエネルギーの増減の推移を認めることができる。ここでの「減速」とは単なる「エネルギーの減少」ではなく，つぎの「加速」を行うエネルギーを蓄積するためのプロセスとして捉えるべきであり，それによって連続的な運動体が維持され続けるのである。

指揮者の身体の動きは，このような円運動が内包するエネルギーの推移をさまざまな様態で具現化したものであり，そこに表出される拍子の存在を考えると，例えば「強・弱・弱」という強弱構造を持つ3拍子では，第2拍と第3拍の弱拍がまったく同じ強さ（重さ）とみなすのは不自然であろう。強拍である第1拍の打点直後はエネルギーが最も少ないが，つぎの第1拍に向かうエネルギーはすでに生成され始めており，第2拍と第3拍はそれが徐々に増大するプロセスの途上にある。それゆえ，第3拍は第2拍よりも強いエネルギーを有す

るものと考えられる．

　前述のとおり，拍の一定数の集合とその反復によって拍子が形成されるが，実際の「一定数の集合」とは，「強・弱」や「強・弱・弱」といったように，単に拍の個数や強弱のポイントが結合された状態を指すのではない．各拍の強弱関係を拍節の基本構造に置きつつ，それを支えるさらに弱い拍（弱拍部）を下部構造として漸次推移する「エネルギーの起伏の集合体」と見なすべきで，そのほうが拍子の本質をより的確に捉えたものといえよう．作曲家の大村哲弥は『演奏法の基礎』の中で，各拍子の拍節が持つエネルギーの推移をつぎのように図式化している（**図 6.6**）．

　ここで留意すべきは，拍節が持つエネルギーの強度は拍節構造における強弱

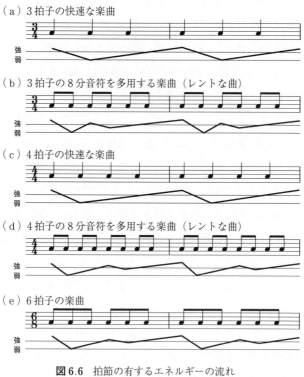

図 6.6　拍節の有するエネルギーの流れ
〔出典　大村哲弥：演奏法の基礎，春秋社（1998）[1]〕

と合致するものでなく，またその変化は起伏を伴う点である。そして，最も強い拍の第1拍の直後ではエネルギーが急激に弱まり，そこから徐々にエネルギーを蓄積して第1拍で最大になるというプロセスが，どの拍子にも見られる点にも注目すべきだろう。ここで明らかなように，弱拍は「弱い」のではない。「拍の強弱」と「拍節が持つエネルギーの強弱」の違いに留意したい。

上記の「エネルギーの推移」は感覚器官で具体的に知覚できるものではなく，聴き手の中で生じる情動の変化によって組織化され，心理的に感得される。ここに原初的な「音楽の進行力」を感じるとともに，安定した拍子感の中でつぎの展開を「予測」し「期待」する能動的な聴取が引き起こされるのである。

6.3 リズム

6.3.1 リズムの形成

リズム（rhythm）は，音楽においては時間軸上の組織化に関わるもので，音楽を形づくる最も根源的かつ基礎的な要素である。音の出現とその持続・休止の様相が継時的に反復あるいは変化し，ある種の運動性を伴う現象でもあり，日本では「律動」と訳される。

一般的に「リズム」といった場合，それは「動き」や「音」の変化を目や耳を通して具体的に認知できる現象を指し，音楽では，音符や休符を用いて楽譜化できるものを想起するだろう。しかし，聴覚や視覚などの感覚器官が捉える情報だけでなく，連続的なエネルギーの変化，あるいは運動体として心理的に感じられる拍節をも含めて，リズムを幅広く捉えることが重要である。「リズム」の語源は古代ギリシア語の**リュトモス**（rhythmos）とされるが，その言葉が「流れ」を意味するのは示唆的である。「弛緩と緊張」，「拡張と収縮」の狭間に揺れ動く時間軸上の「流れ」としての「拍節」を，音楽の構築要素としてダイナミックに取り入れつつ，合理的な思考を通して秩序立った複層的・重層的な表現の追求は，特に中世以降の西洋音楽に通底する姿勢であり，一つの精神性の表れといえよう。

作曲家たちは聴き手の意識に上らない（聞こえない）「拍節」と，意識される（聞こえる）いわゆる「リズム」との組合せをさまざまな角度から検討し，音楽表現に昇華させたのであるが，その過程には，音楽の視覚化としての記譜法や楽譜の存在が大きく関わっていることを念頭に置く必要がある。

6.3.2 「拍節的リズム」と「自由リズム」

リズムはその形態から，拍節との関係を踏まえて定量的に把握可能な**拍節的リズム**（metrical rhythm）と，無拍節で非定量的な**自由リズム**（free rhythm）の二つに大きく分類される。さらに前者は，拍節構造が一定で周期性を持つものと，持たないものに分けられる。これらの概念図を，つぎの**図 6.7** に示す。

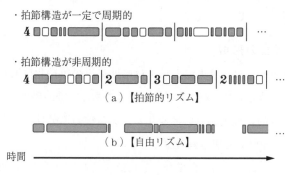

図 6.7 「拍節的リズム」と「自由リズム」の概念図

この図からもわかるように，拍節的リズムは拍節構造が規則的であれ不規則的であれ，イベント（発音と休止）の持続性が単位時間によって規定された秩序だった構造を持つ。

中世以降の西洋音楽は規則的な拍節構造を基盤に置きつつ，その構造内で合理的な思考を通したリズム構築がなされた。音楽の聴き手は，構築されたリズムの疎密や「発音点として」のアクセント（「強い音」という意味ではない）の位置などを感じ取ることで拍節構造を認識する。そして，拍節構造とリズムとの多様な関係性の変化に伴う「弛緩と緊張」，「安定と不安定」の心理的抑揚が内的に生じることで，能動的な聴取が促される。西洋音楽の作曲家たちはこ

のような聴き手の聴取反応を作曲に利用してきた．人が音を聴くときの「情報処理」や「記憶」，「予測」と強く関連するもので，聴き手の協力（能動的聴取）によって各要素が有機的に結びつけられ，その上で音楽作品が成立することを作曲家たちは経験的に理解していたのである．作品の基底をなす重要な要素として，拍節とリズムは作曲家たちの関心事であった．

　世界各地の**伝統音楽**（traditional music）や**民族音楽**（ethnic music）にも多種多様な拍節的リズムが認められるが，成立の背景には，その国や地域の言語が持つ「韻律」や，人間の根源的な身体性の発露としての「踊り」などとの関連を見る必要があろう．さらに，民族固有の「美的感性」や「精神性」，「情緒」といった，見えざる底流の部分も視野に入れて捉えるべきかもしれない．これらの音楽の拍節構造や展開されるリズムは，西洋音楽とは異なる秩序や体系によって成り立っていることを理解する必要がある．

　例えば日本の雅楽は，拍節的リズムを主体としながらも，各拍の長さは一定ではなく伸縮があり，西洋音楽での固定化された「拍」とは概念や意味が大きく異なる．また，竜笛や篳篥（ひちりき），笙（しょう）といった管楽器は，人間の自然な呼吸によって生み出される一呼吸を一周期とし，それぞれがたがいの呼吸を見計らいつつ演奏するので，各楽器の発音のタイミングやリズムは必ずしも一致せず，むしろそれが雅楽特有の深遠な音空間を生み出すとされる．つまり，西洋音楽における「点」，あるいはその集合体としての時間認識ではなく，「間」と呼ばれる柔軟性を持った連続体として捉えられる．「間」は，雅楽以外の日本の伝統音楽や多くの民謡にも感じられるもので，音楽以外の伝統芸能・所作にも底流する共通した感覚といえよう．

　一方，自由リズムは拍節構造に依拠せず，発音あるいは休止によって生成されるリズムが自律的に時間軸上に展開する．自由リズムを伴う古来の音楽には，人から人へと口伝えされたり，文字や絵，記号などによって書かれたものを「楽譜」として伝えられたりしたものが多く，厳密に再現可能という意味での「定型」はない．また，その音楽の性質から，音の長短あるいは休止の持続の状態を比率に基づいて記号化する**定量記譜法**（mensural notation）での楽譜

化は困難である。

　例えば，西洋音楽の原点の一つとして知られる古代キリスト教の単旋律聖歌は，9世紀ころにはローマ・カトリック教会の典礼音楽であるグレゴリオ聖歌へと発展したが，当時用いられた楽譜は**ネウマ譜**（neumatic notation）と呼ばれるもので，リズムは示されていなかった。ネウマ譜は「ネウマ」という記号によって，6世紀ころは単にメロディの移動方向を示すにすぎなかったが，11世紀ころになると今日の五線譜のように四線が引かれた中にネウマを置き，ある程度の音高が読み取れるようになった。聖歌という性格上，書かれている個々の言葉を正しく歌うべく，まずは言葉に即した「抑揚」が重視されたのである。しかし，やがて単旋律から複旋律へと音楽が複雑化するにつれ，それぞれの**声部**（part）の正確な音高とリズムが演奏に求められるようになった。その二つの要素を楽譜として視覚化したのが定量記譜法で，これによって複数人数による演奏上の問題点の解決が図られた。これら定量記譜法やネウマ譜については，1章で詳述されているので参照されたい。

　また，先と同様，雅楽に目を向けると，演奏前に楽器の調子を整えたり音を合わせたりする「音取（ねとり）」と呼ばれる短い曲があり，これは自由リズムによって奏される。インドの伝統音楽での曲の導入部分で主奏者が独奏する「アーラープ」や，アラブやトルコの音楽で「マカーム」と呼ばれる旋法・旋律の型を即興でさまざまに試みる「タクシーム」も自由リズムによるものである。声を伴う曲にも自由リズムを持つものが少なくない。モンゴルの遊牧民の暮らしとの結びつきから生まれた「オルティンドー」や，それから派生したといわれている日本民謡の「追分」は代表例である。民族音楽学者の**小泉文夫**（1927～1983年）は，自由奔放に見える追分のフレーズに一定のリズム法則を見出し，それは「言葉の発音」，「音の保持」，「メリスマ」の三つ要素の結合によって生み出されることを指摘している。これを図式化したのが**図6.8**である[2]。

　一つのフレーズの始まりから終わりに向けて，これら三つの要素が順に出現するが，「発音」から「保持」，「保持」から「メリスマ」に急に変化するのではなく，図中での各段階の広がりの増加・減少が示すように，時間の経過とと

6.4 拍節から逸脱するリズム

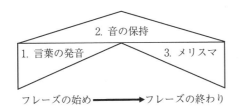

図 6.8 「追分」のフレーズに見られる自由リズムの三要素[2)]

もにたがいの要素が絡み合いながら，つぎの段階へと漸次移行していく様相を呈するのが大きな特徴である。

以上のように，リズムは拍節構造を伴って生起するものと，そのような構造の制約を受けずに自律的に生起するものとの二つに分類されるが，前者に見られる拍節構造それ自体もリズムの一種と考えられる。つまり，「リズム」という用語が示す内容は非常に多義的であるし，何によって引き起こされるものであるかによっても，われわれが受ける印象が大きく異なってくる。

6.4 拍節から逸脱するリズム

拍節構造とリズムとの関係性の変化は，聴き手に「弛緩と緊張」，「安定と不安定」などの情動や感覚を誘発させるが，それはいかなる「関係性の変化」によるものだろうか。ここではおもに4分の3拍子でのリズムとその変容に焦点を当てて考察を行う。

6.4.1 シンコペーション

まず，3拍子の拍節構造の各拍に4分音符を一つずつ置いたシンプルなリズムを見てみよう。**楽譜 6.3** は，基本拍と発音点（発音が開始される部分）が一致しており，それ以外のタイミングには発音点がない。拍子の拍節構造に即し

楽譜 6.3 1拍に4分音符一つのリズム

た音楽的に安定したリズムだが，基本拍からの独立した動きを持たないため音楽的な変化に乏しい。

つぎの**楽譜**6.4は，各拍を2等分して8分音符のみで構成されるリズムで，基本拍に対する弱拍部にも発音点がある。楽譜6.3のリズムと比較すると音数が増えて躍動感や運動性が見られるものの，基本拍での発音がなされるため拍子感は失われず，音楽的には安定した流れを持つ。

楽譜6.4　1拍に8分音符二つのリズム

楽譜6.5のリズムは，楽譜6.4で示したリズムの弱拍部の音が，それぞれつぎの基本拍の音と**タイ**（tie）で結合してつくられたものである。「タイ」は同じ高さの二つ以上の音符を結ぶ弧線の記号で，結ばれた音符はたがいを合わせた長さを一つの音符とし，切れ目なく演奏される。

楽譜6.5　弱拍部と基本拍の音をタイで結んだリズム

ここで先ほどの楽譜6.3のリズム（**楽譜**6.6(a)）と，楽譜6.5のリズム（楽譜(b)）を比較してみよう。

（a）基本拍のみに発音点を持つリズム

（b）弱拍部に発音点を持ち，基本拍の音と結合されたリズム

楽譜6.6　発音点の異なるリズムの比較

音符の上に記された ⌐——¬ の記号は，音の長さが同じであることを示す。その部分だけを見れば，物理的な面での音の違いはない。しかし，楽譜（b）

のリズムでの ⌐──┐ の発音点には楽譜（a）にはないアクセントが感じられ，リズム全体が切迫感や緊張感を伴っているように聴こえるだろう。このように，弱拍（弱拍部も含む）に発音点を持つ音が強拍（強拍部も含む）の音と結びつき，弱拍から強拍へと持続する音によってつくられるリズムを**シンコペーション**（syncopation）という。

シンコペーションをつくる音はことさら強調しなくとも，聴き手はそこに「強さ」や「重さ」のアクセントを感じる。このアクセントは，発音点が強拍に現れると予測されながらそれより前の弱拍のタイミングに置かれ，聴き手が「意外な刺激」として感受することで生じる。つまり，シンコペーションはリズム技法の一つではあるが，拍節や拍子感が聴き手に捉えられている状態を前提として生起する心理的現象ともいえよう。この現象には「テンポ」も大きく関わっており，これについては後述する。また，リズムの変化による違いの比較を容易にするために，今後も4分の3拍子によるリズムを中心に説明を進めるが，他の拍子においてもその拍節構造に即したシンコペーションの様態がつくられることを含み置いてほしい。

6.4.2 拍節との関係性によるシンコペーションの生成と消失

シンコペーションは，弱拍にアクセントを与えて拍節の周期性の不安定化を誘発し，音楽の流れに緊張をつくりだす働きを持つが，ここで重要なのは，拍節を不安定にするものの，「拍節構造そのものは壊さない」という点である。先に述べたように，シンコペーションは聴き手の感応を利用して「弱拍に心理的なアクセントを感じさせるもの」であり，「弱拍の強拍化」といった拍自体の変質を示すものではない。もし弱拍が強拍になるならば，発音点と強拍のタイミングが一致するので拍節構造とのずれは起きず，安定的なものとの差異が生じないことになろう。この点について作曲家・音楽学者のペーター・ベナリー（Peter Benary）は『演奏のためのリズムと拍節』（Rhythmik und Metrik）の中で，「シンコペーションとはリズムのアクセントの位置を前にずらす（後にずらすことは稀です）ことであり，拍節の重点の位置は何ら変わりません。

従って，シンコペーションは拍節に変化をもたらすような重大な影響を与えることはありません。(中略)つまり，アクセントはもはや拍節の「重」にではなく，その前や後の「軽」または「やや重」に付きます。こうしてシンコペーションの場合には必ずアクセントと「重」のずれが生じるのが特徴です」[3]と述べ，主体である拍節からの逸脱にシンコペーションの本質を見出している。

なお，先に示した楽譜6.6（b）のリズムは，小節内のタイで結ばれた二つの音がどちらも8分音符であることから，これらを4分音符一つにまとめて**楽譜6.7**のように記譜するのが一般的である。ただし，双方の音価が等しくないものや小節線をまたぐものはタイを用いなければならない。このように小節内のシンコペーションのリズムを4分音符で記譜すると，楽譜6.6（a）に示したリズムの第2拍以降の発音点が8分音符分，前に移動したようにも見える。

楽譜6.7　タイで結ばれた等価の音を一つの音符にまとめた記譜例1

また，4拍子の基本拍において，弱拍である第2拍と中強拍の第3拍の音がタイで結ばれた場合もシンコペーションとなる（**楽譜6.8**）。楽譜6.7と同様の方法により，タイで結ばれた二つの4分音符を一つの2分音符にまとめた記譜が可能である。

楽譜6.8　タイで結ばれた等価の音を一つの音符にまとめた記譜例2

シンコペーションは拍節構造を壊すものではないものの，聴き手が拍節や拍子感を捉えられなくなった場合は，基本拍の位置が移動したように感じることがある。例えば，メトロノームが示す拍とともに楽譜6.7のリズムを聴いたとしよう。メトロノームの音と音の間に，リズムの発音点のアクセントが聴き取れるはずである。しかし，途中でメトロノームの音を消してしまうと，しばらくの間はメトロノームが鳴っているときと同じ感覚でリズムを捉えていたものが，やがて基本拍と一致した，先の楽譜6.3と同様のリズムに感じられるよう

6.4 拍節から逸脱するリズム　　147

になるだろう（**楽譜6.9**）。もちろん，メトロノームを消したあとも本来の拍節構造が聴き手の内面に維持されていればこの現象は生じることなく，シンコペーションとして聴き取られ続けるはずである。

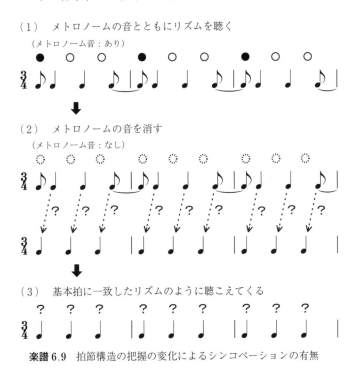

楽譜6.9　拍節構造の把握の変化によるシンコペーションの有無

なお，楽譜6.9（1）で，4分音符分の長さを持つリズムと3拍子の基本拍とが最初から一致していると捉えた場合，開始音である8分音符は基本拍からずれて，つぎの**楽譜6.10**で示すように前小節の第3拍のあとに置かれる。このように第1拍以外の弱拍や弱拍部から始まることを**弱起**という。曲の冒頭が弱起の場合，最初の小節は規定拍数に満たず，最後の小節の拍数と合わせて規

楽譜6.10　弱起と不完全小節の記譜

定拍数となる。これらの小節は**不完全小節**と呼ばれ，規定拍数で構成される小節は**完全小節**という。そのため，不完全小節で始まる曲の場合は最後の小節も不完全小節で書かれるのが原則であるが，これは絶対的な規則ではなく，作曲家や楽譜の出版社によっては完全小節で記譜しているものも少なくない。なお，曲の開始が不完全小節のときは，その小節は第1小節に数えず，つぎの完全小節が第1小節となる。

6.4.3　シンコペーションとテンポ

前項でシンコペーションの性質と働きを見てきたが，それらから引き起こされるシンコペーションの感覚は，拍節とリズムとの結びつきの状態だけでなく，テンポの速さによっても変わることに留意したい。例えば，**楽譜 6.11** に示したリズムがあるとする。

楽譜 6.11　シンコペーションの感覚の変化を見るためのリズム例

これを ♩ = 120 のテンポで奏するとしよう。第1拍の裏拍に置かれた4分音符がシンコペーションになっているので，同じ強さで奏されても，つぎのようなアクセントを感じることだろう（**楽譜 6.12**）。

楽譜 6.12　♩ = 120 のテンポによるアクセントの感じ方

では，同じリズムを2倍の速さの ♩ = 240 で奏した場合はどうだろうか。3拍子の基本拍はかろうじて把握できるものの，急速なテンポによって拍と拍の間の時間があまりに短く，その間にあるはずの弱拍部（ここでは，「1と2と3と」のカウントでの「と」の部分）の存在感が希薄になってしまう。そして♪ ♩ ♪ の部分は2拍分の長さを持つひとまとまりのリズムとして捉えられ，細部のシンコペーションのニュアンスは伝わってこない。むしろ，強拍である第1拍の周期的な反復が ♩ = 120 のテンポのときより目立ち，つぎのように第1

6.4 拍節から逸脱するリズム

楽譜 6.13　♩ = 240 のテンポによるアクセントの感じ方

拍にアクセントが置かれているように感じるだろう（**楽譜 6.13**）。

　シンコペーションの効果の希薄化は，遅いテンポでも起きる。♩ = 40 で奏する場合を考えてみよう。これまでの♩ = 120 や♩ = 240 のテンポと異なり，どの位置にアクセントがあるのかわかりづらくないだろうか。テンポが非常に遅いと拍からつぎの拍までの間隔が広がって，3 拍子の「強・弱・弱」の拍節を感じ取るのが困難となる。もちろん，基本拍よりもさらに細分化した位置に拍を設定してカウントすれば拍節の周期性や連続性がまったく感じられないわけではない。しかし，拍節の重心は前の二つのテンポと比較して明らかに感受しづらく♩ = 40 のテンポでこの音価の組合せによるリズムからシンコペーションを感じ取るのは難しいだろう。**楽譜 6.14** は楽譜 6.12 と同じ位置の音にアクセント記号が置かれているが，（　）を付記してシンコペーションの感覚が弱いことを示している。

楽譜 6.14　♩ = 40 のテンポによるアクセントの感じ方

　ベナリーは，「どの音価を拍節の脈搏として感ずるかはテンポによります。従って，急速な 4 分音符の動きで少しテンポを増した場合，緩やかな 2 分音符単位の音楽に変わります。そして，初めは「重」であった拍節価が「軽」や「やや重」に変わることもあります」[3)] と述べ，拍節構造の強弱（重軽）は固定化された絶対的なものでなく，テンポとの関係性において可変性があることを示唆している。当然ながら，この拍節感の変化は，シンコペーションの感覚の違いにも影響する。そこで今度は 2 拍子と 4 拍子，そしてテンポによってシンコペーションの感覚がどのように変化するかを見てみたい。**楽譜 6.15**（a），（b）はどちらも同型のリズムだが，楽譜（a）は 2 分の 2 拍子で「強・弱」，楽譜（b）は 4 分の 4 拍子で「強・弱・中強・弱」の拍節構造の上に構成されている。

150 6. 拍子・リズム

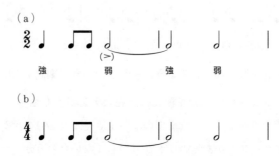

楽譜 6.15 異なる拍節構造に置かれた同一のリズム

　拍節構造を踏まえつつ，タイでつぎの小節まで延ばされる第1小節の2分音符に着目しよう．この音の発音点は，(a) では弱拍に，(b) では中強拍に置かれている．そして，音が持続している間の拍の強さ（重さ）の推移は，(a) では「弱」から「強」，(b) では「中強」から「弱」を経て「強」となる．すなわち (a) の2分音符には，弱拍からつぎの小節の強拍に向けたシンコペーションでアクセントが生じると考えられるのに対し，(b) の2分音符は，拍の強度が高いものから低いものへと推移する中での単なる持続音であって，つぎの小節の強拍にタイで延ばされていてもシンコペーションにはならず，アクセントは生じないと見なしうる．以上は楽譜から読み取れる情報と底流する拍節の違いを考慮した，あくまで理論的見地からの分析である．

　つぎに，テンポを設定して，拍節を意識しながらこのリズムを見てみよう．音の強さはつねに一定とする．まず，基本拍のカウントを BPM120 に設定してみる．つまり (a) は ♩ = 120，(b) は ♩ = 120 となる．(a) は第2拍にはっきりとしたアクセントを伴ったシンコペーションが感じられるが，(b) の第3拍にはその感覚が希薄であろう．

　そこで今度は，(a) を ♩ = 60 に設定するとどうだろうか．つまり，先の ♩ = 120 での (b) と同じ速さ（時間内）でリズムが奏されるわけだが，あくまで基本拍は2拍子でカウントする．すると，♩ = 120 のときよりテンポが遅いことで第2拍のアクセントが弱まった印象を受けると思う．また，シンコペーションはまったく感じられないわけではないが，明らかにその効果は希薄

6.4 拍節から逸脱するリズム　　151

になっている。

　さらに今度は（b）を♩= 240 にしてみよう。非常に急速なテンポだが，拍子記号どおり4拍子でカウントする。このリズムの速さは，（a）を♩= 120 で奏するのと同一である。しかしながら，同じ速さのリズムであるにも関わらず，♩= 120 のときに感じられたアクセントやシンコペーションはほとんど感じられないだろう。

　急速なテンポの場合，基本拍すべてではなく，強拍部に焦点を当てて大きくカウントをとるのが一般的である。例えば，楽譜 6.13 で示した♩= 240 の急速な 3 拍子の場合，3 拍をまとめて 1 拍子のようにカウントすることがある。それと同様，ここでの 4 分の 4 拍子で♩= 240 のテンポの場合は，第 1 拍の強拍と第 3 拍の中強拍を拍点に捉え，♩= 120 のようにカウントできる。その結果，♩= 240 でカウントしたときには感じられなかったにアクセントやシンコペーションを感じることだろう。これは前述のとおり，テンポを速めれば速めるほど強拍部が強調され，弱拍部の印象が希薄になる拍節の現象に合致しており，ベナリーの「どの音価を拍節の脈搏として感ずるかはテンポによる」[3]という示唆とも通ずるものである。

　本項では，リズムの「形態」（楽譜上に表される情報）としてのシンコペーションと，そのリズムが実際に感得される「効果」（聴き手の内面に引き起こされる心理的現象）としてのシンコペーションという二つの観点から考察を進めてきたが，実際の音楽作品において重視されるべきは後者であるのはいうまでもない。音楽における不安定性や緊張感を醸成する働きの一つとしてシンコペーションがその効果を発揮するには，音楽作品に対する聴き手の「能動的な聴取」が不可欠であり，それは単に「音を聴くこと」にとどまることなく，意識・無意識を問わず「拍節の感受」を伴うものでなければならない。

　拍節そのものは「音として聴こえるものではない」ものの，「聴こえる音から創出される事象」である側面を持つ。だからこそ作曲家はテンポの設定を吟味し，拍節を聴き手に感じさせるさまざまな音楽上の工夫を施す。その多くはリズムの要素によるものだが，シンコペーションもやはりリズムによって成り

立つことから、ここにリズムというものの多層性が垣間見える。

6.4.4 そのほかのシンコペーション

これまで見てきたシンコペーションの例は、いずれも弱拍から強拍への移行での持続音によって弱拍にアクセントを感じさせるものだった。「弱拍へのアクセントの付与」をシンコペーションの働きとするならば、以下に列挙したものもシンコペーションと見なしうる。これらの例も、前項で言及した拍節のとり方やテンポの速さによって、その効果の度合いが変わるのはいうまでもない。各譜例の↓と(>)はアクセントが感じられる部分、＞は意図的なアクセントの付与を示す。

① 休符によって強拍が無音で、直後の弱拍で発音される場合（**楽譜 6.16**）

楽譜 6.16 強拍が無音であることで生じるシンコペーション

② スラー（**楽譜 6.17**（a））や連桁（楽譜（b））でグループ化されたフレーズが弱拍から強拍にまたがる場合

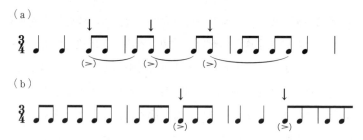

楽譜 6.17 スラーや連桁によるグループ化で生じるシンコペーション

③ 意図的に弱拍の音にアクセントを与えた場合（**楽譜 6.18**）

6.4 拍節から逸脱するリズム　153

楽譜 6.18　アクセント記号によって生じるシンコペーション

④　複数の弱拍をまたいで持続する音が強拍の音より長くなっている場合（**楽譜 6.19**）

楽譜 6.19　複数の弱拍をまたいで持続することで生じるシンコペーション

　楽譜 6.17（b）のリズムの第 2 小節は，連桁からわかるように，意図的に 3 拍子の記譜をとっていない。ここは 8 分音符が三つずつ連桁で繋げられ，視覚的には 8 分の 6 拍子（2 拍子系）の記譜になっており，3 拍子本来の拍節と，連桁によるグループ化で生じるアクセントのずれによってシンコペーションが引き起こされる。ただし，このシンコペーションは，3 拍子で進行している中で唐突に 2 拍子系のリズムが挿入されることで起きるもので，もし第 1 小節と第 2 小節が一つのフレーズとして反復されるなら，聴き手は「4 分の 3 拍子＋8 分の 6 拍子」の連続体と捉えるようになり，第 2 小節に感じられていたシンコペーションの感覚はやがて薄らいでいくだろう。

　また，第 3 小節から第 4 小節にかけて連桁で結ばれている部分は楽譜（a）のようにスラーでも表記できるが，あえて連桁で結ぶことによって「リズムの形態」と「拍節からの逸脱」を強調し，楽曲における構成要素として機能性を持つ音型であることを明示している。実際のところ，この部分はスラーと連桁のどちらの表記でも，演奏はさほど違いはないかもしれない。しかし，楽譜として意味する内容は大きく異なる点に留意すべきである。

　このようなことから，特に西洋音楽における楽譜の重要性が語られるのは，楽譜が単に音の高さや長さ・強さといった情報を視覚的に確認できる形で記録した媒体としてだけでなく，作曲家が意図した表現や，楽曲全体の構築性を示

すものだからである．それらを的確に把握するには，楽譜上に記号化されない拍節の感覚を踏まえた上で，諸種の記号が意味する真意を汲み取ることが求められる．

6.4.5 ヘミオラ

先の楽譜6.17（b）の第2小節では，基準の拍子の流れに他の拍子が唐突に挿入されたような印象を受けるが，似たような効果を持つリズム技法として**ヘミオラ**（hemiola）が挙げられる．ヘミオラは，ギリシア語で「3：2」（＝1.5）を意味するヘミオリオス（hemiolios）に由来する言葉で「ヘミオリア」（hemiolia）ともいい，特にバロック時代における器楽曲の組曲中の1曲である**クーラント**（courante〔仏〕）に多く見られる．クーラントは後期ルネサンスに興った舞踏・舞曲が起源で，2分の3拍子あるいは4分の6拍子の中庸のテンポを持ち，曲中でしばしば拍節（拍子感）の交替が行われる特徴がある．一般的には，3拍子で2小節の構成が，2拍子で3小節の構成に一時的に置き換えられるものをヘミオラと呼ぶことが多い．ヘミオラの例を**楽譜6.20**に示す．

楽譜6.20 ヘミオラ

4分の3拍子の拍節上で安定的に展開されていたリズムに対し，下のリズムは，第1小節の第3拍と第2小節の第1拍がタイで結ばれシンコペーションをつくり，つぎの第2拍に2分音符を置いた形になっている．このリズムは，シンコペーションによって3拍子の拍節の「構造」が不安定化されたものと捉えられ，それぞれの発音点で生じるアクセントを拍点と見なして4分の2拍子が連接されたものと考えるならば，3拍子から2拍子への唐突な拍節の変容に

よって，拍節の「流れ」が不安定化されたものとも捉えられる。

別の角度から見てみよう。今度は4分の3拍子の2小節をひとまとまり，つまり大きく4分の6拍子の1小節の構成として考えてみる。この拍子の拍節構造は2拍子系となる。一方，シンコペーションの結果つくられるリズムをこれと同じく大きく1小節構成の枠に当てはめてみる。するとこれは，2分の3拍子による3拍子系の拍節構造を持つものとなる。

このようにヘミオラの音楽的な意図は前述のとおり，3拍子系のものが2拍子系に，あるいはその逆に2拍子系のものが3拍子系の拍節に切り替わったかのような感覚を引き起こすことにあるといえよう。外見的にはシンコペーションの様相を呈するものの，拍節構造自体へのリズムの介入よりも，拍節構造の転換によって連続的な音楽の流れに意外性をつくり出す点が，ヘミオラの本質的な働きと考えられる。

6.5 複数のリズムの位相変化によって生じる現象

前節では，下部構造としての拍節と，その上につくられるリズムとの関係で生じる現象を中心に見てきたが，ここでは複数のリズムの同時的組合せを核とした**ポリリズム**（polyrhythm）について触れたい。

「ポリリズム」は，接頭辞の poly- が示すように，たがいに対照的な音楽的様相を持つ二つ以上のリズムが同時に出現する状態の総称である。この場合，例えば「歌のメロディ」とその「ピアノ伴奏」のように，単に複数のパート（あるいは声部）で異なるリズムが現れているものは通常，ポリリズムとは見なされない。個々のリズムの違いそのものや，それら対照性を持つリズムの組合せによって生み出される音楽的効果に重点が置かれたものを指す。個々のパートが持つリズム面での特性の違いがポリリズムの複層的なリズム構造を形成するが，その特性の中心がリズム形態に置かれているものを**クロス・リズム**（cross rhythm），拍節感に置かれているものを**ポリメトリック**（polymetric）という。

クロス・リズムには，「同拍値内で分割数が異なる複数のリズムの同時進行」

によるもの（**楽譜 6.21**（a））と，「同拍値内で分割数が同じでアクセントの位置が異なるリズムの同時進行」によるもの（楽譜（b））がある。

ポリメトリックには，同拍値によるもの（**楽譜 6.22**（a））と異拍値によるもの（楽譜（b））がある。先述のヘミオラは，拍節構造が本来有するアクセ

楽譜 6.21　クロス・リズム

楽譜 6.22　ポリメトリック

ントと異なるアクセントのリズムが組み合わされたものであるので，その拍節を明示するリズムが明確な場合は，（ a ）の形態を持つポリメトリックとも捉えうる。

　楽譜6.22のポリメトリックの例は，どのパートも4分の4拍子であるが，パートごとに拍子が異なるものもある。それらは「クロス・リズム」と「ポリメトリック」の両方の要素を含むため，一概に分類ができないものもある。また，拍節自体がもともとリズム的要素を内包することから，両者の区分が明確にできないポリリズムも少なくない。

演習問題

〔6.1〕「パルス」と「拍」の違いを説明しなさい。

〔6.2〕「拍子」と「拍節」について，それぞれ説明しなさい。

〔6.3〕拍やリズムにおける「アクセント」は，どのような現象によって生じるか，音楽あるいは音楽以外の事例を挙げて説明しなさい。

〔6.4〕「拍節的リズム」と「自由リズム」について説明しなさい。

〔6.5〕「シンコペーション」とはどのようなものか，音楽上の効果を交えて説明しなさい。

〔6.6〕「ヘミオラ」の効果を述べなさい。

〔6.7〕「ポリリズム」はどのようなものであるか述べなさい。また，「クロス・リズム」と「ポリメトリック」について，それぞれ説明しなさい。

7章 メロディ

◆ 本章のテーマ

「メロディ」は日本語で「旋律」と訳されるが，その語源は「音の上下運動」を意味する古代ギリシア語の「メロス」(melos) と，「オード（＝詩）」(ode) が結びついたものとされる。5章の「旋法」でも触れたように，詩と歌は元来，分け難いものであり，「語ること」がすなわち「歌うこと」であった。しかし，このような言語を用いた意味内容の表現・伝達よりはるか前に，人間は声を使って何らかの感情表現や意思表示を行っていたとされる。それを「歌」の原初的な姿とするならば，メロディはリズムと同様，人間の根源的な発露といえよう。

本章では，このような歴史的な視点からは離れて，今日的な意味での「音楽」を構成する一要素として「メロディ」を扱い，その構築性について論じることとする。その構築性の中にも，表現されるものとしての人間の情動の発現を見ることができるだろう。

◆ 本章の構成・キーワード

7.1 メロディが内包する要素
　　メロディ，音高線，音の「高さ」と「長さ」の融合
7.2 音の進行
　　反復・変化，保留，上行・下行，順次進行・跳躍進行，コントラスト
7.3 動機（モティーフ）
　　部分動機，強小節，弱小節
7.4 楽節
　　小楽節，大楽節，一部形式，二部形式，三部形式，複合二部形式，複合三部形式
7.5 メロディの展開
　　フレーズの変形，音高の変化によって形成される頂点

◆ 本章で学べること

- 「音楽の三要素」の一つとしての「メロディ」の定義
- 音楽における「反復」と「変化」，コントラストの重要性
- 動機のさまざまな形態とその結合手法
- メロディに見られる構築性と音楽形式との関連

7.1 メロディが内包する要素

メロディ（melody）は，「旋律」，「節(ふし)」などの用語で呼ばれるもので，楽曲において作者の創意が強く反映され，音楽そのものの内容に大きく関わる重要な要素である．作曲家で音楽理論家として知られる**エルンスト・トッホ**（Ernst Toch, 1887〜1964年）は，彼が1922年に著した『旋律学』（Melodielehre）において，「いろいろな高さと律動をもって音が連続しているもの」を「メロディ」と定義し，音高の変化のみの単なる音の連続体は「音高線」と呼んで，明確に区別している[1]．

以下は，**マスネ**（Jules Massenet, 1842〜1912年）が作曲した歌劇『タイス』の中の「タイスの瞑想曲」として知られる間奏曲で，その冒頭に現れるフレーズを音高線（**楽譜7.1**）とメロディ（**楽譜7.2**）で示したものである．

楽譜 7.1 音高線

楽譜 7.2 メロディ

一般的に「メロディ」，「ハーモニー」，「リズム」は**音楽の三要素**とされるが，メロディにはすでにリズムの要素が含まれる点において，ハーモニーやリズムそのものよりも多様で複雑な音楽性を有すると思われる．それは，時間軸に対する垂直的な尺度としての音の「高さ」と，水平的な尺度としての「長さ」が，さまざまに融合する可能性を持ち，多彩な展開を聴き手に期待させるからである．また，リズムだけでなくハーモニーの要素が認められることもあるだろう．メロディ内での音高の変化が，ある特定のハーモニーを聴き手に想起させたり，実際にそのハーモニーの構成音として機能したりする場合があ

る。さらにそれらの音に「強弱」や「音色」の要素を適用して考えれば、メロディは垂直的・水平的な視点から拡大して、奥行きをも感じさせる立体的な事象としても捉えうるだろう。聴き手はそれらの要素の変化を追うことで、メロディの中に物理的な「音」を超越した、音楽的な意味や内容を見出すのである。

7.2 音の進行

7.2.1 反復と変化

先述のとおり、メロディには音の「高さ」と「長さ」という二つの要素が含まれるが、ここではまず「高さ」の観点からの「音の動き」について考察する。それは、ある音とつぎの音との結合、そしてさらにそのつぎの音との結合のあり方を見ることにほかならない。この結合の原理には、大きく分けて、**反復**（repetition）と**変化**（variation）の二つがある。

A音を起点として、つぎの音への進行の可能性を考えてみよう。「反復」であれば、**楽譜 7.3** のように同じ音高のA音が続く。このように音高が維持された進行を**保留**という。このときの音の方向性は「水平」である。

楽譜 7.3 音の進行（保留）

「変化」の場合は、その音より高い音に進む「上行」か、低い音に進む「下行」のいずれかとなる。また、音程の面では、半音または全音の開きによる**順次進行**と、それより広い音程による**跳躍進行**がある。これらの形態を組み合わせることで、「順次上行」（**楽譜 7.4**）、「順次下行」（**楽譜 7.5**）、「跳躍上行」（**楽譜 7.6**）、「跳躍下行」（**楽譜 7.7**）といった進行が生み出される。

楽譜 7.4 音の進行（順次上行）

楽譜 7.5　音の進行（順次下行）

楽譜 7.6　音の進行（跳躍上行）

楽譜 7.7　音の進行（跳躍下行）

　このように，たった2音だけでも，「水平」，「上行」，「下行」の方向性や，「順次」，「跳躍」の音程の様相からさまざまな動きがつくられることがわかる。そして注目すべきは，われわれがそれら形態の違いの認知のみならず，それぞれの動きから何らかの心理的な作用を受け，印象の違いを意識的・無意識的に感じとっているという点である。そこには人間が持つ本質的・普遍的な感覚が影響していると思われる。この「印象の違い」は，「緊張度の違い」と考えれば理解しやすいだろう。

　つまり，音楽における「音高の変化」とは，ある振動数を持つ音からそれとは異なる振動数を持つ音への移行，あるいは音の移行によって生じる振動数の差といった単なる物理的現象ではなく，聴き手の内面に生起する感覚と密接な繋がりを伴うものと見ることができる。ここでは力学的な意味でのエネルギーの変化や運動性をイメージするとわかりやすい。一般的には，上行する音はエネルギーを必要とし，下行する音は不要と捉えられるが，これは階段の上り下りと似ている。

　まず，上行する音の進行を見てみよう。つぎの**楽譜7.8**は，A音を起点とした五つの音による順次進行である。

　この音の並びは，人が階段を1段ずつ上るときの足元の軌跡と似ている。わ

楽譜 7.8　音の進行（順次上行の反復）

れわれが階段を上がろうとするとき，身体を上方に移動させるためのエネルギーを使う。しかし1段ずつ上がる場合には通常，大きなエネルギーは必要とせず，身体の動きも激しいものではない。音の進行も同じように，上行ではエネルギーの増大とともに緊張の高まりを生み出すが，順次進行においては比較的小さい。なお，ここでのA音とH音の全音，H音とC音の半音は，階段での1段の高さの違いと見なそう。

　楽譜 7.9は上行の跳躍進行である。先の楽譜7.8と同様，A音を起点として五つの音が並んでいるが，音程の広がりに伴い，音符の上に示した矢印の角度が急峻になっている。当然ながら起点と終点の音との音程も拡大している。

楽譜 7.9　音の進行（跳躍上行の反復）

　これは階段を1段あるいは2段飛ばして駆け上がるときの軌跡としてみることができるだろう。このように階段を上がるときは，脚だけでなく腕を大きく振るなど全身を使うことになるので，1段ずつのときよりも大きなエネルギーを必要とする。音の進行においても，順次進行と比べて非常に活発で躍動感や緊張感を持つ動きに感じられる。

　つぎの**楽譜 7.10**は，上行での順次進行の反復から跳躍進行への変化，あるいはその逆の場合の一例である。

楽譜 7.10　音の進行（上行での進行形態の変化）

ここでの音の並びをデザインや模様に見立てると，順次進行と跳躍進行との**コントラスト**（contrast）が視覚的にもはっきりと認識できるだろう。これは，進行の形態が「順次」から「跳躍」，「跳躍」から「順次」に変化するだけでなく，引き続きその形態が反復されることで強く印象づけられ，前の形態との違いが鮮明になるためである。こういった進行形態の違いは，音楽におけるエネルギーや緊張度の違いとして意識的・無意識的に感じとられ，われわれはコントラストが醸し出す「趣」や「深み」を享受するのである。

6.1 節で，何も変化しない連続音は人の能動的な聴取を喚起しえないと述べたが，音の進行も例外ではない。もちろん，音の方向性や形態が同一で，それが反復されるものであっても，個々の音に「リズム」や「音の強さ」などの違いが加味されていれば変化を感じられるだろう。

つぎに，下行する音の進行を上行の例と同様，A音を起点とする五つの音の並びによって見てみよう。**楽譜 7.11** は順次進行の例である。

楽譜 7.11　音の進行（順次下行の反復）

見てのとおり，先の楽譜 7.8 とちょうど反行の形態となっている。同じ順次進行ながら，上行のときに感じられたエネルギーは，なだらかな下行のラインでは希薄である。この動きは，人が階段を1段ずつ下りるときの様相と共通する。階段を下りる動作では，ほとんどエネルギーを使わない。上るときのように一歩一歩踏みしめて，力を入れて脚を動かすわけではなく，重力に委ねて下りるのが一般的だろう。もちろん，着地のときに身体を支えるエネルギーは必要だが，それはここで扱う「動き」とは別のものである。

つぎの**楽譜 7.12** は跳躍進行である。

楽譜 7.12　音の進行（跳躍下行の反復）

各音の音程は楽譜7.11よりも広がっているものの，それに伴うエネルギーの増大は感じられないだろう。この点は，上行での順次と跳躍の進行の違いに見られた変化と異なる。階段を何段か飛ばして下りるときに，下りる動作そのものにはエネルギーを必要としないのと同じである。ただし，自発的なエネルギーの流動が希薄であっても，音の移動範囲の拡大は，躍動感やダイナミズムを高める要因として働く。その意味では，下行での順次と跳躍の進行にも，音楽表現における違いや変化は認められるのである。

下行の場合も，**楽譜7.13**のような順次進行と跳躍進行の組合せを考えることができる。

楽譜7.13　音の進行（下行での進行形態の変化）

この譜例では，階段を下りる動作よりも，例えば，崖から大きな岩が転がり落ちるさまをイメージすると，コントラストの違いを感じることができるかもしれない。左は崖の上にある岩が徐々に移動して，やがて一気に急斜面を転がり落ちる光景を，右は急斜面を転がり落ちてきた岩が崖下に達したのち，窪みにはまって動きを鈍らせるような光景を思い浮かべることができないだろうか。仮に各音が同じ間隔で鳴らされるとしても，左と右の譜例では，音の進行の変化によるエネルギーの違いが明確に感じとれるはずである。

7.2.2　音高線におけるコントラスト

前項で見てきたように，音高線の特徴は「音の方向性」（水平・上行・下行）と「音程の様相」（順次・跳躍）によって形成される。このことを念頭に置いて，楽譜7.2に示したマスネ「タイスの瞑想曲」のメロディのうち，最初の2小節間の音高線をそれぞれ見てみよう（**楽譜7.14**）。なお実際の楽曲では，弦楽器群のロングトーンとハープのアルペジオのみによる2小節の短い序奏がメロディの前に置かれ，それを伴奏に楽譜7.2のメロディがヴァイオリンによっ

7.2 音 の 進 行　165

楽譜 7.14　「タイスの瞑想曲」の冒頭フレーズ第 1 小節と第 2 小節の音高線

て奏される。そのため，本来この部分は第 3 小節と第 4 小節にあたるが，ここでは説明の便宜上，冒頭フレーズにおける第 1 小節と第 2 小節として表記する。

　左右の音高線を見比べると，まず音の方向性の違いが目につく。第 1 小節は下行から上行という動きを持つのに対し，第 2 小節は上行のみである。そして，その動きを見ると，第 1 小節は跳躍進行のみ，第 2 小節は順次進行のみで構成されていることがわかる。このことから，両者には非常にはっきりとした音楽的なコントラストが認められる。また，それぞれの音数は 5 音と 3 音で異なるものの，用いられている音は，第 1 小節が Fis 音・D 音・A 音，第 2 小節が H 音・Cis 音・D 音の 3 音で共通しており，音高の面ではどちらも非常に少ない素材でつくられているのである。また，第 1 小節の「Fis 音 − D 音 − A 音 − D 音 − Fis 音」の音高線は，A 音を軸に「Fis 音 → D 音 → A 音」と「A 音 → D 音 → Fis 音」に分割すると，ここには下行と上行の音高線によるコントラストが見られる。

　ところで，「Fis 音 − D 音 − A 音 − D 音 − Fis 音」という音の並びには，興味を引かれる点がいくつかある。まず，その音列形態は，「しんぶんし」（新聞紙）や「たけやぶやけた」（竹藪焼けた）など，前から読んでも後ろから読んでも文字の出現順序が同じになる回文のようである。しかも，最低音に設定されている A 音を中心として，完全に左右対称になっている。それはまるで，アーチ橋（**図 7.1**）が持つ左右対称の弧を描く曲線を逆さまにしたように見えないだろうか。

　このようなつくりを**アーチ構造**

図 7.1　アーチ橋の例（熊本県・通潤橋）

(arch structure）というが，音楽においても，ある楽曲が「A」，「B」の異なる性格を帯びた二つのセクションを持ち，それが「A－B－A」という順序で対称的に構成される場合，この形式を**アーチ形式**（arch form）と呼ぶ。それより大きい「A－B－C－B－A」や「A－B－A－C－B－A」なども，アーチ形式による構成として多くの楽曲に見られる。もちろん，「Fis 音－D 音－A 音－D 音－Fis 音」の音の並びは一般的には「形式」とはいえないが，アーチ状の形態を持つ「音列」として，そこにミクロな形式を捉えることができよう。なお，実際の橋が持つ凸状の弧と同じ形態（上行→下行）の音型であるか否かは，ここでは問われるものではない。

　以上のように「タイスの瞑想曲」の冒頭 2 小節間には，小節単位あるいは小節内での音高線によるコントラストが見られながらも，共通した要素が含まれることが確認された。特に第 1 小節の，同じ音高（あるいは音名）が「反復」されながらも音の方向性は「変化」し，時間軸上における相反した二つの構成原理を含む点は注目すべきであろう。このきわめて短い音の連なりの中には，「統一性・親近性」（＝反復）と「多様性・新奇性」（＝変化）の調和を見ることができる。

　「反復」と「変化」の原理は単に音の動きという形象のみならず，メロディの形成に大きく関わるものであるし，さらに敷衍すれば，音楽を形づくる諸要素が時間軸上に展開される上での根本原理でもある。「反復」と「変化」は一見，対立的な形象を生み出すもののように思えるが，必ずしもそうではない。むしろ，程度の差こそあれ両方の原理が幾重にも綾を織りなして協働・調和し，一つの形象を顕在させるものと考えるべきであろう。それは音楽に限らず，映像や美術，建築など時間軸上・空間上に構成されるあらゆる作品が内包する特質である。

7.3　動機（モティーフ）

　前節では音高の変化から，「音の動き」，「音の振る舞い」の基本的な原理と

それによってつくられる諸形態を見てきた。音高のみでもさまざまな展開の可能性があり，たった数個の音で構成される音高線にも，ある種の形態的な特徴を見出せるが，ここにさらにリズムという要素を加味すると，単なる「音列」や「音高線」から音楽的な特徴を帯びた「メロディ」に発展する萌芽が生まれる。本節では，その構成と展開手法について説明する。

7.3.1 動機と部分動機

動機（または**モティーフ**）（Motiv〔独〕, motive〔英〕）は「独立した楽想を持つ楽曲構成の最小単位」であり，メロディの源泉となるものである。動機の様相によってそのメロディの性格や性質が規定されるので，楽曲を構成する上で重要な要素の一つといえる。

拍節構造を持つ西洋音楽においては，動機は一般的に2小節で成り立つとされる。それは，最小の音楽的な意味内容を創出するには「拍子の確立」，つまり 6.2.1 項で説明したように音楽の展開を支える下部構造としての拍節の反復が不可欠であり，そのために最低2小節を必要とするからである。

動機を構成する個々の小節での特徴的な音の動きを**部分動機**（または**小節動機**）と呼ぶ。部分動機を伴う小節における拍節の重心の強弱を比較して，強いほうを**強小節**，弱いほうを**弱小節**といい，動機は「強小節＋弱小節」，あるいは「弱小節＋強小節」の2小節構成を持つものが多い。そのほか動機には，拍節の重心が同程度の部分動機によってつくられ，強小節・弱小節の判別が困難なものや3小節以上にわたるもの（例えばテンポの速い楽曲では，記譜の仕方によって4小節で動機が形成されているものなど），小節よりさらに小さな単位での音群を部分動機に持つものもある。

7.3.2 動機の構成

再び「タイスの瞑想曲」を例に，冒頭メロディの動機の構成を見てみよう（**楽譜 7.15**）。それぞれの小節の音高線に関しては 7.2.2 項で説明しているので，そのつくりとコントラストは理解されていることと思う。ここではおもに

168   7. メロディ

楽譜 7.15 マスネ「タイスの瞑想曲」の冒頭メロディの動機

リズムに着目して考察を進める。

　第 1 小節には 8 分音符（3 連符を含む）があるが，第 2 小節は 2 分音符と 4 分音符のみで，音数と相まってリズム面での疎密が一目瞭然である。ただし，どちらも第 1 拍に 2 分音符が置かれていることから，外面的な印象の違いは第 3 拍から第 4 拍にかけてのリズムが生み出されているといえる。

　つぎにそれぞれの小節のつくりを見ていこう。開始音である Fis 音は第 3 拍までタイで延ばされて第 3 拍には発音点がない。そして，つぎに現れる D 音はその裏拍に置かれていることから，拍節感は希薄である。もちろん，序奏によって拍節のニュアンスは多少感じられるものの，ロングトーンが続く中でのアルペジオの動きは拍節を強く主張するものではない。続く A 音は第 4 拍に置かれており，その意味では 4 拍子の拍節構造に関係づけられる音といえるが，3 連符のリズムは拍節に協調するものではない。一方，第 2 小節の 2 分音符と 4 分音符からなるフレーズは第 1 拍と第 3 拍，第 4 拍に発音点があり，そのリズムは拍節構造と完全に一致している。第 1 小節と対照的なはっきりした拍節感を生み出しつつ，動機の確立に求められる拍子感を生み出すことにも寄与している。それぞれの小節のフレーズはリズムのみならず拍節の観点からも大きなコントラストを持っているといえよう。

　さらに，ハーモニーとの関係についても若干触れておこう。メロディの前に 2 小節の序奏が置かれていることは先に述べた。ここで響く D－Fis－A の和音は曲の開始から 5 小節間にわたり持続されるが，この曲の主調である D-dur（ニ長調）の中心に位置づけられる和音であるため，安定感のあるニュアンスを醸し出す。その響きを背景にメロディが奏されるが，第 1 小節のフレーズはすべての音が和音の構成音であるのに対し，第 2 小節のフレーズは第 4 拍の D 音のみで第 1 拍と第 3 拍の H 音，Cis 音は和音に含まれない音を持つことか

ら，この二つのフレーズには和音との協和度に違いが見られる。つまり，どちらのフレーズも安定的な響きに支えられているとはいえ，和音との関係において，第2小節のフレーズには若干の「ゆらぎ」が生み出されるのである。特にH音は，D音，Fis音，A音のみで構成されていた1小節目にはない新出の音で，さらに強拍に現れるので，それまでの音とは異なる「重み」を感じさせる。先のリズムの観点からの考察で第1拍に2分音符が置かれていることを共通点としても，それぞれの音の性質は異なることが理解できよう。

また，これまで小節単位でフレーズを見てきたが，動機としてその流れを眺めれば，H音は第2小節のフレーズの開始音というより，前の小節のA音から第2小節のD音，いい換えればこの2小節間での最低音から最高音に至る上行音型の一部であり，直前の3連符のエネルギーを引き継いでいる音と見なせる。このことと前述の和音との関係とを合わせて考えれば，同じ2分音符でも第1小節のFis音と第2小節のH音では「重み」が明らかに異なる。動機の様相としては二つの部分動機の重心はあまり差がないように見えるものの，音の「重み」の違いを含めると「弱小節＋強小節」の構成を持つといえよう。そして，第1小節の第3拍までのロングトーン主体の音型は，最高音へと立ち昇るために必要なエネルギーを蓄える予備と捉えることができる。それに続く3連符は単なるリズムの変化ではなく，それまでに蓄えられたエネルギーを使って上行する上での必然的な動きなのである。しかも3連符はこの動機の中で最も小さい音価によるリズムであり，直後に置かれた2分音符とのリズム面でのコントラストは見事というよりほかない。

こうして見てみると，「タイスの瞑想曲」の冒頭メロディの動機は，外面的・音楽的に対照的な二つの部分動機で構成されているが，各音がすべて意味を持って有機的に繋がっていることを見れば，フレーズに分割されるものでなく一つの集合体と捉えるべきだろう。また，この部分は冒頭のメロディの動機であるとともに，楽曲全体を構成する重要な素材でもある。特に第1小節の部分動機は形を変えて何度も現れ，2分音符と3連符は，さらに小さな素材として楽曲の展開に大きな役割を果たす。なお，メロディとハーモニーとの関係に

ついては8章で詳述する。

7.3.3 動機の諸形態

二つの部分動機を持つ2小節で構成される動機が多いことを踏まえ，本項では部分動機のつくりやコントラストに着目しながら，2小節構造の動機の構成方法について説明する。また，それらの構成方法による作例を示す。

一般的に動機はメロディの観点から論じられることが多いが，前項で言及した「タイスの瞑想曲」の動機からわかるように，ハーモニーも視野に入れて考察されるべきものである。和音によってフレーズの印象が変わるだけでなく，その動機における重心の様相やメロディ内での意味も違ってくる。ゆえに本来であればハーモニーも含めて多角的に見る必要があるが，さまざまな条件に基づいて内容が広範に及ぶのは本項の意図するところではない。ここではハーモニーには触れず，フレーズのつくりから動機の形態に焦点を当てることとし，付随的な情報として各フレーズに和音記号とコード・ネームを付記した。和音記号については，8.2.3項で説明する。

7.2.1項で説明した「反復」と「変化」の原理は動機にも適用される。ここでは動機の構成をわかりやすく示すために最初の部分動機を「A」，それと異なる形態の部分動機を「B」と記号で表す。また，Aに音型やリズムの面で変化が見られるものは（′）をつけて「A′」とするが，ごくわずかな違いの場合はAと見なす。二つの部分動機の組み合わせ方によって動機の形態は以下の①～③のいずれかとなる。

① 最初の部分動機と同じ形の部分動機の組合せ〔A–A〕（反復型動機）
② 最初の部分動機とその変形の部分動機の組合せ〔A–A′〕（反復型動機）
③ 最初の部分動機と異なる形の部分動機の組合せ〔A–B〕（変化型動機）

つぎにこれらの形態の動機をそれぞれ楽譜で示そう。形態の違いを比較しやすいように，どの形態も八つの部分動機をもとに動機を作出した。**楽譜7.16**は反復型〔A–A〕，**楽譜7.17**は反復型〔A–A′〕，**楽譜7.18**は変化型〔A–B〕

7.3 動機（モティーフ）　　171

の動機である。

　反復型〔A − A⁽′⁾〕と変化型〔A − B〕の形態の違いは，二つの部分動機のフレーズを見比べれば明らかだろう。それは特に第1拍のリズムで顕著である。もちろん，音の進行の方向性や音程の違いも変化だが，音の「長短」あるいは「有無」といったリズム面での変化は，より大きなインパクトを聴き手に与える。

　また，ここでの反復型の動機は，〔A − A〕と〔A − A′〕との違いがわかりやすいよう，両方の部分動機の第1拍から第2拍にかけてのフレーズを揃えてある。しかし実際の楽曲では，形態としては反復型と見なせる動機であっても二つ目の部分動機の第1拍だけが変形されているものもあり，変化型のように見えながら双方の部分動機に共通した素材が含まれているものもある。形態の同質性・異質性は画一的なものでなく度合いの幅を持つので，それをどう捉えるかで，〔A − A〕・〔A − A′〕・〔A − B〕という構成の判断が分かれるのはありうることである。

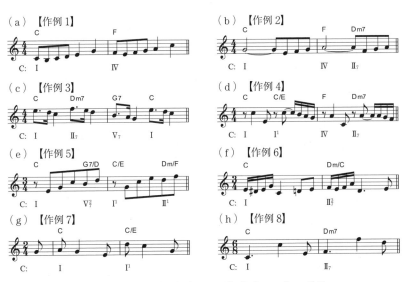

楽譜7.16　部分動機の組合せが反復型〔A − A〕の動機

楽譜 7.17 部分動機の組合せが反復型〔A − A′〕の動機

楽譜 7.18 部分動機の組合せが変化型〔A − B〕の動機

7.4 楽　　　　節

メロディとして一つのまとまった楽想を持つ形態を**楽節**といい，一般的に4小節ほどのものを**小楽節**（phrase），8小節ほどのものを**大楽節**（period, sentence）と呼ぶ。文章でいえば，読点（、）やコンマ（,），あるいは句点（。）やピリオド（.）までのひと続きの文字の連なりで，音楽においてもそれぞれの楽節で何らかの独立した意味内容を持つ。また，複数の文章がつながることで一つの物事の説明やストーリーの描写がなされる段落がつくられるように，いくつかの楽節が組み合わさって楽曲の段落が生まれ，それが楽曲形式となる。なお，本書では楽曲形式における用語として小楽節を「phrase」とし，特定の長さを持たない小さなメロディやその断片には「フレーズ」という言葉を用いているので留意されたい。

7.4.1 小　楽　節

前述の「音の進行」や「部分動機の組合せ」と同様に，動機も反復か変化させてつぎの動機とすることで音楽が展開していく。「独立した楽想をもつ楽曲構成の最小単位」である動機を反復して聴き手の記憶の定着を図るものにするか，あるいは変化させて新たな情報の提示で興味を引きつけるものにするかによってメロディの印象は大きく変わる。その意味では小楽節のつくりは，その後の音楽の展開に少なからぬ影響を与えるものといえる。

小楽節の形態を見るにあたり，2小節の動機を1ユニットとし，最初に現れる動機を「A」，それと異なる形態の動機を「B」と表記する。また，最初に現れる動機を「第1動機」，それに続く動機を「第2動機」と呼ぶこととする。第1動機と第2動機の組み合わせ方により，小楽節は以下①〜③のいずれかの形態となる。

① 第1動機と同じ形の第2動機の組合せ〔A–A〕（反復型小楽節）
② 第1動機とその変形の第2動機の組合せ〔A–A′〕（反復型小楽節）
③ 第1動機と異なる形の第2動機の組合せ〔A–B〕（変化型小楽節）

7.4.2 小楽節の諸形態と作例

小楽節は前記①～③の三つの形態にまとめられるが，それぞれの内部の構造は多岐にわたる。なぜならば，小楽節を構成する二つの動機それぞれがさらに二つの部分動機を含むので，部分動機の態様とその組み合わせ方によって複数の構造を持つことになるからである。

そこで，①～③の小楽節の各形態が，「同種の部分動機の結合による動機」（反復型動機）と「異種の部分動機の結合による動機」（変化型動機）をどのように含み，組み合わせられることによってつくられるかまとめてみよう。

① 〔A−A〕（反復型小楽節）
　　1. 反復型動機＋反復型動機
　　2. 変化型動機＋変化型動機
② 〔A−A′〕（反復型小楽節）
　　1a. 反復型動機＋反復型動機／1b. 反復型動機＋変化型動機
　　2a. 変化型動機＋変化型動機／2b. 変化型動機＋反復型動機
③ 〔A−B〕（変化型小楽節）
　　1a. 反復型動機＋反復型動機／1b. 反復型動機＋変化型動機
　　2a. 変化型動機＋変化型動機／2b. 変化型動機＋反復型動機

上記①～③の小楽節の形態におけるおもな構成を，記号を用いて表に示す。**表7.1**は〔A−A〕（反復型小楽節），**表7.2**は〔A−A′〕（反復型小楽節），**表7.3**は〔A−B〕（変化型小楽節）である。ここでは部分動機を小文字のアルファベットで表記し，その変形には（′）を付記する。

表7.1 動機の組合せが反復型〔A−A〕の小楽節の構成例

部分動機			動機			
			A		A	
	1	(1)	a	a	a	a
		(2)	a	a′	a	a′
	2	—	a	b	a	b

7.4 楽節

表7.2 動機の組合せが反復型〔A－A′〕の小楽節の構成例

			動機		
			A		A′
部分動機	1a	(1)	a	a	a	a′
		(2)	a	a	a′	a′
		(3)	a	a	a′	a″
		(4)	a	a′	a	a″
	1b	(1)	a	a	a′	b
		(2)	a	a′	a	b
	2a	(1)	a	b	a	b′
		(2)	a	b	a	c
		(3)	a	b	a′	b
		(4)	a	b	a′	b′
		(5)	a	b	a′	c
	2b	(1)	a	b	a	a
		(2)	a	b	a	a′
		(3)	a	b	a′	a″

表7.3 動機の組合せが変化型〔A－B〕の小楽節の構成例

			動機		
			A		B
部分動機	1a	(1)	a	a	b	b
		(2)	a	a	b	b′
		(3)	a	a′	b	b′
	1b	(1)	a	a	b	c
		(2)	a	a′	b	c
	2a	(1)	a	b	b′	c
		(2)	a	b	c	d
	2b	(1)	a	b	b	b′
		(2)	a	b	c	c′

　以上の各表の「1」，「2」，「1a」，「1b」，「2a」，「2b」に含まれる構成から任意に選び，その構成に合わせてつくったメロディを以下に示す。**楽譜7.19**は表7.1，**楽譜7.20**は表7.2，**楽譜7.21**は表7.3に対応し，形態や構成の違い

楽譜7.19 動機の組合せが反復型〔A－A〕の小楽節

7. メロディ

楽譜 7.20　動機の組合せが反復型〔A – A'〕の小楽節

楽譜 7.21　動機の組合せが変化型〔A – B〕の小楽節

を比較しやすいよう，すべてのメロディを楽譜7.16〜7.18の（b）（【作例2】）の動機から作出している。なお，動機A$^{(\prime)}$内の部分動機b$^{(\prime)}$は，楽譜7.18での部分動機Bに対応させているが，楽譜7.21での動機B内の部分動機b$^{(\prime)}$は，それとは異なる新出のフレーズである。これら「a」，「b」，「c」，「d」などの記号は，形態の違いを示すためのあくまで符号に過ぎない。このことを踏まえ，前に置かれている部分動機とのコントラストを念頭に，ここでは既出の部分動機に捉われず新たにフレーズを考案した。

このように部分動機や動機のコントラストの度合いと組み合わせ方の変化から，小さなアイデアであるたった一つの部分動機が動機，小楽節へと展開し，多種多様なメロディが紡ぎ出されていることが理解されよう。

7.4.3 大楽節

大楽節は二つの小楽節の組合せによって構成される。前に置かれる小楽節を「前楽節」，後に置かれる小楽節を「後楽節」と呼ぶ。前述の「音の進行」から小楽節までの素材に共通して見られるコントラストの手法は，大楽節を形づくる上でも重要な構成原理である。

これまで説明してきた諸種の素材と同様，大楽節の形態は以下の①〜③のいずれかとなる。小楽節の説明では，「A」，「A′」，「B」の記号は動機の単位を示すために用いていたが，ここでは小楽節の単位としているので留意してほしい。

① 前楽節と同じ形の後楽節の組合せ〔A−A〕（反復型大楽節）
② 前楽節とその変形の後楽節の組合せ〔A−A′〕（反復型大楽節）
③ 前楽節と異なる形の後楽節の組合せ〔A−B〕（変化型大楽節）

7.4.4 大楽節の諸形態と作例

大楽節は，各小楽節を構成する動機が「反復型」か「変化型」かによって，さらにつぎのような複数の内部形態を持つ。

① 〔A-A〕(反復型大楽節)
　　1. 反復型小楽節＋反復型小楽節
　　2. 変化型小楽節＋変化型小楽節
② 〔A-A′〕(反復型大楽節)
　　1a. 反復型小楽節＋反復型小楽節／1b. 反復型小楽節＋変化型小楽節
　　2a. 変化型小楽節＋変化型小楽節／2b. 変化型小楽節＋反復型小楽節
③ 〔A-B〕(変化型大楽節)
　　1a. 反復型小楽節＋反復型小楽節／1b. 反復型小楽節＋変化型小楽節
　　2a. 変化型小楽節＋変化型小楽節／2b. 変化型小楽節＋反復型小楽節

これらの大楽節の形態のうち，おもな構成を表で示す。**表**7.4 は〔A-A〕(反復型小楽節)，**表**7.5 は〔A-A′〕(反復型小楽節)，**表**7.6 は〔A-B〕(変化型小楽節)である。小文字のアルファベットは動機の形態を表す記号としている。

表7.4　小楽節の組合せが反復型〔A-A〕の大楽節の構成例

			小楽節			
			A		A	
動機	1	(1)	a	a	a	a
		(2)	a	a′	a	a′
	2	—	a	b	a	b

表7.5　小楽節の組合せが変化型〔A-A′〕の大楽節の構成例

			小楽節			
			A		A′	
動機	1a	(1)	a	a	a′	a″
		(2)	a	a′	a	a″
	1b	(1)	a	a	a′	b
		(2)	a	a′	a	b
	2a	(1)	a	b	a	b′
		(2)	a	b	a	c
		(3)	a	b	a′	b′
		(4)	a	b	a	c
	2b	—	a	b	a	a′

表7.6　小楽節の組合せが変化型〔A-B〕の大楽節の構成例

			小楽節			
			A		B	
動機	1a	(1)	a	a	b	b
		(2)	a	a	b	b′
		(3)	a	a′	b	b′
	1b	(1)	a	a	b	c
		(2)	a	a′	b	c
	2a	—	a	b	c	d
	2b	—	a	b	c	c′

7.4 楽節

これら表に記載された大楽節の構成に基づくメロディをいくつか示す。**楽譜7.22**は表7.4，**楽譜7.23**は表7.5，**楽譜7.24**は表7.6に対応する。ここでも楽譜7.16～7.18の（b）(**【作例2】**) の動機をもとにしてメロディがつくられている。

楽譜7.22 小楽節の組合せが反復型〔A － A〕の大楽節

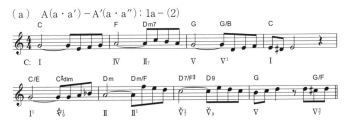

楽譜7.23 小楽節の組合せが反復型〔A － A'〕の大楽節

(b) A(a・a)−A'(a'・b)：1b−(1)

(c) A(a・b)−A'(a'・c)：2a−(4)

楽譜 7.23　小楽節の組合せが反復型〔A − A'〕の大楽節（つづき）

(a) A(a・a)−B(b・b)：1a−(1)

(b) A(a・a')−B(b・c)：1b−(2)

(c) A(a・b)−B(c・d)：2a

楽譜 7.24　小楽節の組合せが変化型〔A − B〕の大楽節

7.4.5 実作品に見る大楽節の諸形態

つぎに実際の楽曲での大楽節の構成を見てみよう。ここでは動機における音の進行の形態によって以下の九つに区分し、それぞれの特徴が表れている楽曲を示す。

① 水平（**楽譜 7.25**）
② 上行の順次進行（**楽譜 7.26**）
③ 上行の跳躍進行（分散和音）（**楽譜 7.27**）

(a) A(a・b)－A(a・b)
ベートーヴェン／ピアノ・ソナタ第21番 Op.53「ワルトシュタイン」第1楽章

(b) A(a・a′)－A′(a・a″)
ユーフェミア・アレン／チョップスティックス (The Celebrated Chop Waltz)

(c) A(a・b)－A′(a・c)
モーツァルト／『ロンドンのスケッチブック』より 第33番「ロンド」K.15hh

楽譜 7.25 大楽節の例 ①（動機形態：水平）

④ 上行の跳躍進行(オクターヴ)(**楽譜 7.28**)

⑤ 下行の順次進行(**楽譜 7.29**)

⑥ 下行の跳躍進行(分散和音)(**楽譜 7.30**)

⑦ 下行の跳躍進行(オクターヴ)(**楽譜 7.31**)

⑧ 「上行→下行」または「下行→上行」の順次進行(**楽譜 7.32**)

⑨ 「上行→下行」または「下行→上行」の跳躍進行(分散和音)(**楽譜 7.33**)

(a) A(a・b)−A′(a・b′)
　　ブルグミュラー／『25 の練習曲』Op.100 より「進歩」(前進)

(b) A(a・b)−A′(a・b′)
　　チャイコフスキー／『四季』Op.37bis より「舟唄」

(c) A(a・b)−B(b′・a′)
　　ハイドン／トランペット協奏曲 Hob.VIIe-1 第 1 楽章

楽譜 7.26　大楽節の例 ②(動機形態:上行の順次進行)

7.4 楽節　　　183

(a)　A(a・b)−A(a・b)
　　モーツァルト／ピアノ・ソナタ第14番 K.457 第1楽章

(b)　A(a・a)−B(b・c)
　　ベートーヴェン／ピアノ・ソナタ第1番 Op.2-1 第1楽章

(c)　A(a・b)−B(c・d)
　　クーラウ／ソナチネ Op.20-1 第1楽章

楽譜 7.27　大楽節の例 ③（動機形態：上行の跳躍進行（分散和音））

(a)　A(a・a)−B(b・c)
　　ベートーヴェン／ピアノ・ソナタ第10番 Op.14-2 第1楽章

(b)　A(a・a')−B(b・c)
　　モーツァルト／ピアノ協奏曲20番 K.466 第1楽章

楽譜 7.28　大楽節の例 ④（動機形態：上行の跳躍進行（オクターヴ））

（c） A(a・b)−B(b′・b″)
モンティ／チャールダーシュ

楽譜 7.28 大楽節の例 ④（動機形態：上行の跳躍進行（オクターヴ））（つづき）

（a） A(a・a)−A′(a′・a″)
ブルグミュラー／『25 の練習曲』Op.100 より「心配」（不安）

（b） A(a・b)−A′(a・b′)
メンデルスゾーン／『無言歌集』Op.67 より「紡ぎ歌」

（c） A(a・a′)−B(b・b′)
モーツァルト／ピアノ・ソナタ第 13 番 K.333 第 1 楽章

楽譜 7.29 大楽節の例 ⑤（動機形態：下行の順次進行）

(a) A(a・a)−A'(a'・a")
　　ブラームス／ピアノ・ソナタ第3番 Op.5 第4楽章

(b) A(a・a)−B(b・c)
　　モーツァルト／ロンド K.485

(c) A(a・b)−B(c・d)
　　クレメンティ／ソナチネ Op.36-3 第1楽章

楽譜7.30 大楽節の例⑥（動機形態：下行の跳躍進行（分散和音））

(a) A(a・b)−A'(a・b')
　　モーツァルト／弦楽四重奏曲第15番 K.421 第1楽章

(b) A(a・a)−A(a・b)
　　ベートーヴェン／ピアノ・ソナタ第15番 Op.28「田園」第3楽章

楽譜7.31 大楽節の例⑦（動機形態：下行の跳躍進行（オクターヴ））

(c) A(a・b)−A(a・b)
シューベルト／2つのスケルツォ D.593 第1曲

楽譜 7.31 大楽節の例 ⑦（動機形態：下行の跳躍進行（オクターヴ））（つづき）

(a) A(a・b)−A′(a・b′)
シューマン／『子供のためのアルバム』Op.68 より「あわれな孤児」

(b) A(a・a′)−B(b・b′)
ショパン／ワルツ第9番 Op.69-1

(c) A(a・a′)−B(b・c)
チャイコフスキー／『四季』Op.37bis より「クリスマス週」

楽譜 7.32 大楽節の例 ⑧（動機形態：「上行→下行」または「下行→上行」の順次進行）

楽譜 7.33 大楽節の例 ⑨（動機形態：「上行→下行」または「下行→上行」の跳躍進行（分散和音））

7.4.6 大楽節の実際的な形態

これまで示してきた作例や実際の楽曲から，動機の「反復」，「変化」とその組み合わせ方から，さまざまなメロディの作出の可能性が理解されたと思う。

先の楽譜 7.22 〜 7.24 での作例は，説明の便宜を図るために大楽節の基本構成である 8 小節としているが，テンポの速い 2 拍子の曲（楽譜 7.28（c））や 3 拍子の曲（楽譜 7.25（b），（c）・楽譜 7.31（b）・楽譜 7.32（c））では，倍の 16 小節で一つの大楽節と見なせるものがある。そのほか，10 小節（楽譜 7.26（b）・楽譜 7.29（c））などの 8 小節以外の構成による大楽節は珍しいものでなく，これらを大楽節の定型からの変形や特殊な例外と見るのは適切でない。また，大楽節は必ずしも二つの小楽節を持つとは限らず，より多くの小楽節に分けられるものや，小楽節という単位に分けて考えるのが難しいものも見

られる。例えば、楽譜7.33（c）の「タイスの瞑想曲」は、音の動きや動機の説明のためにこれまで何度か例に挙げ、ここでは「A（a・b）−B（c・d）」という構成の大楽節を持つ楽曲として示したが、フレーズの細部や部分に拘泥（こうでい）しすぎることなく、この8小節がそれ以上に分け難い一つの独立した大楽節として見るほうが、実際の音楽の姿を捉えていると思われる。

　つまり大楽節の本質は、確固とした定型やモデルではなく、非常に緩やかで流動的な形態であると考えるべきであろう。これは7.4節の冒頭で、楽節について「文章でいえば、読点やコンマ、あるいは句点やピリオドまでのひと続きの文字の連なり」と述べられていることを思い起こせば容易に理解されると思う。文章も定型的で頻度の高いものがある一方、つねにそのような表現ばかりが用いられるわけではない。そしてそれらの表現は決して特殊なものでなく、しかるべき必要性・必然性によってなされているのである。

　しかしながら、2小節の動機を素材として、その規則的結合によって構成される8小節（テンポの速い楽曲では16小節）の大楽節が、最も安定的な音楽性を持つのもまぎれもない事実である。そこで大楽節の説明のまとめとして、「音の進行」から大楽節に至る各フレーズの基本的な構成とその関連を図に示す（**図7.2**）。

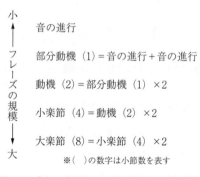

図7.2　「音の進行」から大楽節までの構築性

　このような安定した構造は、音楽の方向性を聴き手に明示する「枠」や「型」としての機能性を持つ反面、容易につぎの展開を予測させてしまい、能動的な聴取から遠ざけてしまう要因にもなりかねない。これは6章（拍子・リズム）でも言及したことであり、6.1節（パルスと拍）や6.2.2項（エネルギーの周期変化としての拍子）、6.3.2項（「拍節的リズム」と「自由リズム」）、6.4.3項（シンコペーションとテンポ）での内容と関連づけて考えれば、理解は難し

くないだろう．安定した構造にあっても，作曲家は「安易な安定感」がつくられることを避けるべく，聴き手の意識に上らないような細微な趣向を凝らす．つまり，「反復」と「変化」，あるいは「連続」と「非連続・不連続」，「安定」と「不安定」といった態様の違いを，複層的に配置・接続しているのである．このことは，前掲の楽譜7.25〜7.33のそれぞれのメロディのつくりを見れば，おのずと理解できよう．もちろん，ここでは扱わなかったハーモニーも，本来であれば作曲家の創意を探る上で検討すべき要素であるのはいうまでもない．それでも，メロディにおける「反復」と「変化」の様相からの考察だけでも，音楽の構築性の一端を垣間見ることができる．この点について，フルート奏者で教育者・音楽学者として知られるハンス・ペーター・シュミッツ（Hans-Peter Schmitz）は著書『演奏の原理』（Singen und Spielen, Versuch einer allgemeinen Musizierkunde）の序論で，つぎのような至言を述べている[2]．

「生は，死と対立した静止状態でもなければ静力学的なものでもなく，上昇や下降，緊張や弛緩を意味するように — 先ず第一に全く一般的に捉えると — 「変化」こそ生の本質的要素とみなされる．それと同様に，例えば人間の目は，網膜上に絶対的な意味で静止している像を見ることができないという具合で，我々自身もまた変化だけしか知覚できないのである．このような「変化の必然性の原理」は，精神物理学の分野において「減衰現象」と言われているものを基礎にして次のような原理を導いてくる．一度知覚された印象が続けて知覚され得るためには，同じように続けて変化していなければならないというのがそれであるが，さもないと，そうした印象は例えば一様な連続音（水のさらさら流れる音，時計のチクタクという音，汽車や飛行機のゴーゴーいう音）がしばらくするともう聞こえなくなってしまうのと同じように，言わば忘れ去られてしまうのである．……同じものという印象はむしろある程度変形して反復される場合にしか得られないのである．」

7.4.7 大楽節と楽曲形式

動機は「独立した楽想を持つ楽曲構成の最小単位」であったが，そこから展開された大楽節は「さまざまな音楽要素・素材が有機的に結びつけられてまとまった意味内容を持ち，ある種の完結性を伴う音楽形式の最小単位」といえる．図7.2での「部分」と「全体」との繋がりを見れば，このつぎの段階には

大楽節を「部分」として，より大きな規模の形式への発展が考えられる。実際，楽譜7.25〜7.33は各楽曲の一部分をなすメロディである。また，ポピュラー音楽では曲の各部分を「Aメロ」,「Bメロ」,「サビ」などの用語で呼ぶことがあるが，それらも8小節もしくは16小節の大楽節になっていることが多い。

童謡や唱歌，民謡には一つの大楽節だけで曲として完結しているものが少なくない。すぐに曲が終わってしまうので，一般的には「1番歌詞」,「2番歌詞」…といったように，それぞれ内容の異なる歌詞が付されたメロディが繰り返される。このような単一の大楽節のみで構成される楽曲の形式を**一部形式**（one part form）という。一部形式の楽曲例として，童謡の「春が来た」の楽譜を示す（**楽譜7.34**）。

楽譜7.34 一部形式の楽曲例①

そのほか，**変奏曲**（variation）の主題にも一部形式のものが見られる。変奏曲は，主題に対する変奏，および個々の変奏のコントラストに重点を置いて展開される楽曲で，主題が持つメロディやハーモニー，リズムをはじめとする諸要素を各変奏でさまざまに変化させていく。多種多様な変化の可能性を主題に持たせる必要があるため，一般的に主題はシンプルな形態が多い。変奏曲は，それぞれの変奏での「変化」と，それらが主題に基づいている点での「反復」という二つの原理が，高い次元で融合されている形態といえよう。**楽譜7.35**は，ベートーヴェンの「創作主題による32の変奏曲」の主題である。

A(a・a)－B(b・c)
ベートーヴェン／創作主題による 32 の変奏曲 WoO.80 主題

楽譜 7.35 一部形式の楽曲例 ②

そのほかの基礎的な形式として，二つの大楽節を持つ**二部形式**（binary form），三つの大楽節を持つ**三部形式**（ternary form）がある。一部形式や二部形式・三部形式は，民謡や歌曲（Lied〔独〕）に多く見られる形式であることから，これらを総称して**リート形式**（Liedform〔独〕, song form〔英〕）と呼ぶが，器楽曲の形式の用語としても定着している。また，楽曲が大枠となるいくつかの部分で構成され，それぞれの部分が一つの大楽節でなく複数の大楽節を連結してつくられている形式を**複合形式**（compound form）という。複合形式でよく見られるものは，大枠の部分が二つで構成される**複合二部形式**（compound binary form）と，三つで構成される**複合三部形式**（compound ternary form）で，小規模な楽曲の場合には，いずれかの部分が一つの大楽節になっているものもある。

以上の諸形式に関しては，本章の扱う内容が「メロディ」であることを踏まえ，ここでは詳述しないが，関連する書籍等にあたって理解を深めていただきたい。さらに，**ロンド形式**（rondo form）や**ソナタ形式**（sonata form），そして用語と概略の言及にとどめた「変奏曲」（変奏形式）についても確認されることを強く勧める。

7.5 メロディの展開

7.5.1 フレーズの変形

7.4.5 項で実作品における大楽節の形態を見たが，そこでベートーヴェン「ピアノ・ソナタ第 1 番」の第 1 楽章のフレーズを取り上げた。そのフレーズ

はソナタ形式における**第1主題**で，しばらくすると**第2主題**が現れる．つぎに示した**楽譜7.36**は，それぞれの主題の冒頭部分であるが，見比べて何か気づくことはないだろうか？

楽譜7.36 フレーズの形態の比較

非常に明白なのは，フレーズの方向性がそれぞれ逆になっている点である．第1主題の第2小節と第4小節に置かれている3連符のリズムは第2主題にはないのでリズム面では完全に一致しないものの，第1拍と第3拍に着目すれば，第1主題は「As音→F音」，「B音→G音」で下行するのに対し，第2主題はどちらも「Fes音→As音」で上行しており，やはりたがいに逆向きになっていることがわかる．一般的にソナタ形式での第2主題は，音楽要素や楽想が第1主題と対照的なものが多いが，この曲での第2主題は，まったく新しいアイデアを持ち込むのではなく，第1主題を素材に用いてつくられているのである．とはいえ，調性やハーモニー，伴奏型は異なっており，スタッカートとスラーによって縁取られる上行音型と下行音型のニュアンスの違いが，両主題のそれぞれの性格をさらに際立たせている．

このような単一フレーズの音型の変形手法は，主旋律とそれを和声的に支える伴奏形態による**ホモフォニー**（homophony）の様式が主流となる前の，個々の旋律が独立的・等価値に扱われるポリフォニーの音楽で特に顕著に見られる．ポリフォニーの音楽における旋律そのものの展開と旋律間での有機的な関係の構築を主眼とする作曲技法を**対位法**（counterpoint）といい，主題となる旋律の模倣・変形は，その技法の一つに挙げられる．

バッハの「インヴェンション第1番」を例に見てみよう。冒頭の2小節を示す (**楽譜 7.37**)。

楽譜 7.37 バッハ「インヴェンション第1番」(第1～2小節)

最初に上声部に主題 (A) が提示され，そのフレーズはすぐに下声部に引き継がれる。下声部の主題 (A) に対峙する上声部のフレーズは対主題 (B) である。続く第2小節は，第1小節のフレーズを完全5度上に移置したもので，ここにも「反復」と「変化」の融合を見出せる。さらに，主題 (A) を仔細に検討すると，その音型の形態から，素材 (x) と素材 (y) という二つのフレーズに分けることができる。つまり第1小節には，主題 (A)，対主題 (B)，素材 (x)，素材 (y) の四つのフレーズが認められるわけだが，この曲はこれらのフレーズの音型とその変形を用いて全体がつくられているのである。

変形の形態としては，もとの音型を**原形** (original) として，音程関係を維持したまま音の進行が原形と反対方向になる**反行形** (inversion)，音の順序が原形とは逆に後ろの音から前の音になる**逆行形** (retrograde)，逆行形の反行 (あるいは反行形の逆行) である**逆行の反行形** (retrograde inversion) の形態がある。またリズム面では，原形の音価を2倍・3倍・4倍…する**拡大形** (augmentation)，1/2倍・1/3倍・1/4倍…する**縮小形** (diminution) がある。これらの変形の形態を「インヴェンション第1番」の主題冒頭のフレーズを原形として示す (**楽譜 7.38**)。

これらの変形手法が「インヴェンション第1番」でどのように用いられているか，第3～6小節 (**楽譜 7.39** (a)) と第19～20小節 (楽譜 (b)) を見てみよう。楽譜内の各記号の意味はつぎのとおりである。

194　　7. メロディ

楽譜 7.38　原形のフレーズをもととした音型の変形手法

楽譜 7.39　バッハ「インヴェンション第 1 番」に見られる音型の変形手法とそれらの組合せ

- A反：主題［A］の反行形
- x大：素材［x］の拡大形
- y反：素材［y］の反行形
- y大：素材［y］の拡大形
- x反大：素材［x］の反行形の拡大形

なお，このような一つの音型とそこから導かれる派生音型のように，ある種のアイデアと密接に関係づけられた事象を音楽の構成素材とする思考は，20 世紀に入って**アルノルト・シェーンベルク**（Arnold Schönberg, 1874～1951 年）が「相互の間でのみ関係づけられた 12 の音による作曲技法」[3] として

体系化した **12音技法** (twelve-tone technique〔英〕, Zwölfton technik〔独〕, dodécaphonisme〔仏〕) における音列 (Reihe〔独〕, série〔仏〕) の作出法にも見られる。この技法においては，それぞれ音高の異なる 12 の音から構成される基礎音列を「原形」とし，それをもとにつくられる「反行形」，「逆行形」，「逆行の反行形」の派生音列を合わせた 4 形態と，各形態の 12 の移置形による計 48 の音列を楽曲の音組織の基盤とするものである。弟子の**アントン・ヴェーベルン** (Anton Webern, 1883 ～ 1945 年) は，音列の各形態間での有機的関連のみならず音列内部にもその原理を適用させ，楽曲構築の支柱に置く作曲技法を推し進めたが，極度に構造化された彼の音楽は戦後の**ピエール・ブレーズ** (Pierre Boulez, 1925 ～ 2016 年) や**カールハインツ・シュトックハウゼン** (Karlheinz Stockhausen, 1928 ～ 2007 年) らの創作に大きな影響を与えた。これらの技法や変遷については，本章の趣旨から外れるものであり，本書で扱う範囲を超えるため，この程度にとどめることとする。

7.5.2 クライマックスの形成

7.2.1 項で，音の進行から感得されるエネルギー，あるいは緊張度の違いについて言及したが，このような事象は 2 音間に限らず，フレーズの集合体であるメロディにも適用して考察できる。

トッホの『旋律学』では，「波状線」の章においてメロディの動きを「波状運動」と捉え，「大きな波」という表現を用いて一つの特徴あるメロディの作出方法が述べられており，メロディをつくるにあたって重視すべき点が三つ挙げられている[1]。特に 3 点目は時間経過に伴う音高面でのクライマックスの設定位置に関してで，「クライマックスはメロディ全体のうち終わりの 3 分の 1 か，あるいは 4 分の 1 ほどのところに置くのが望ましい」とするものである。ここで彼は，ドイツの劇作家・小説家・歴史家として知られるグスタフ・フライターク (Gustav Freytag, 1816 ～ 1895 年) が『戯曲の技巧』(Die Technik des Dramas) で論じた戯曲でのクライマックスの設定手法に言及し，**フライタークの三角形** (Freytag's triangle) (図 7.3) を示しながら，狭い範囲として

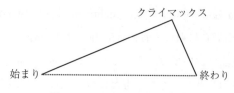

図7.3 フライタークの三角形

メロディ，また広い範囲として音楽作品全体における展開との共通性を見出している。なお，フライターク自身は「戯曲の5つの部分と3つの場所」と題する節において，ピラミッドに似た図形（「フライタークのピラミッド」(Freytag's pyramid) と呼ばれる）を示して，5つの部分を（a）発端，（b）上昇，（c）クライマックス（頂点），（d）降下または転向，（e）破局，と定義し，（a）と（b）の間に「刺激的動機」，（c）と（d）の間に「悲劇的動機」，（d）と（e）の間に「最後の緊張の動機」という3つの重要な場面的効果が置かれると述べている[4]。

　この三角形を念頭に置きつつ，改めてベートーヴェンの「ピアノ・ソナタ第1番」の冒頭8小節を見てみよう（**楽譜7.40**）。ここではメロディだけでなく，ハーモニーやその伴奏型，強弱の変化がわかるよう実際の楽譜を用い，下に和音記号を付記した。また，メロディの音高推移を把握するために，それぞれの特徴的なフレーズの最高音を○で囲み，それと関連する最低音は□で示した

楽譜7.40 ベートーヴェン「ピアノ・ソナタ第1番」（第1～8小節）

が，これらの印はフレーズが属する和音の構成音に記入している．

大楽節としての構成は，「A（a・a）- B（b・c）」という対立する小楽節の組合せであることを，すでに7.4.5項の楽譜7.27（b）で示した．しかし，形態的に「B」とされた部分には新たなフレーズが配されているのではなく，「A」での第2・第4小節の部分動機が素材として用いられている．つまり，音楽の展開の観点からは基本的に前楽節のアイデアの反復であり，このようなつくりは，先の楽譜7.26（c）や楽譜7.28（c），楽譜7.33（b）にも見られる．第2・第4小節の16分音符による3連符を含む部分動機が第5・第6小節に置かれ，第7小節はそれらの音型を引き継ぎつつ，リズムが変化している．そして，第8小節でフレーズが閉じられるが，そのあとのフェルマータはつぎの展開との明確な区分を示している．

○で囲まれた音に着目すると，前楽節で「As音→B音」と上行したあとで一度下行し，後楽節では「As音→B音→C音」と再び上行する．このC音が8小節間で最も高い音で，そのあとは「B音→E音」の急激な下行となっている．また，□の音の多くはそれぞれのフレーズの最高音を挟み込むように配置されており，特に前楽節に目を向ければ，動機の音型は図7.3のフライタークの三角形に近似した形となっていることに気づく．そして再び楽譜から目を遠ざけて，メロディ全体を俯瞰すると，アウフタクトに置かれた開始音のC音を始点，最高音のC音を頂点，終結音のE音を終点とする，フライタークの三角形のような図形がやはり浮かび上がってくる．しかし，ここでのクライマックスに向けた音高の推移は波のように上行と下行を何度か繰り返し，決して三角形のような直線的なものでないことに留意すべきである．このように音高が漸次高められて中盤以降にクライマックスをつくり，その直後に下行するようなメロディの構成は，7.4.7項で取り上げた童謡「春が来た」（楽譜7.34）やベートーヴェン「創作主題による32の変奏曲」（楽譜7.35）にも確認できることをつけ加えておく．

また，第5・6小節の部分動機の連用によってその波の周期が短くなっている点にも注目したい．それはリズムの構築からもたらされているわけである

が，ここではそればかりでなくハーモニーの働きも視野に入れる必要がある。和音記号の下に括弧で示したように，前楽節では和音の変化が2小節単位だったものが1小節単位となり，最高音であるC音の出現からはさらに短い2拍単位に縮小されている。このように和音の変化とその持続性から感じられるリズムを**和声リズム**（harmonic rhythm）という。第7小節のクライマックスに至るプロセスで表出されるのは，フレーズの音高とリズムの変化，そしてこれらに和音変化が絶妙に相まってつくる展開の周期の短縮化がもたらす緊張感の増大であり，それに *p* から *ff*，再び *p* へと収斂する強弱変化が，この部分の音楽の輪郭をより明瞭にしている。そして，第5・6小節の第1拍に置かれた *sf* の意図もおのずと見えてくるだろう。C音の装飾音とそれぞれの本体の音との音程の変化が，クライマックスに向けた布石となっているのはいうまでもない。

　これまでメロディにおける形態や構築を見てきたが，リズムはもちろんのこと，ハーモニーとも密接な関連を持つことが明らかとなった。これを踏まえて楽譜7.40を改めて眺めると，果たしてフライタークの三角形のように終わりに向かって閉じられたものだろうか？　次章はその問いに答えるものとなろう。

演習問題

〔7.1〕 「音高線」と「メロディ」の違いを説明しなさい。
〔7.2〕 ある音を起点とした場合，音高の観点からどのような進行が考えられるか述べなさい。また，それぞれの音の進行は，聴き手にいかなる印象を与えると思われるか，他の事象を例に挙げて説明しなさい。
〔7.3〕 メロディにおける「動機」の一般的な定義を述べなさい。
〔7.4〕 「動機」は，その形態の違いによって大きく二つに分けられるが，それぞれどのようなものであるか述べなさい。
〔7.5〕 「小楽節」，「大楽節」について，それぞれ説明しなさい。
〔7.6〕 フレーズの変形手法における用語として，「原形」，「反行形」，「逆行形」，「逆行の反行形」，「拡大形」，「縮小形」をそれぞれ説明しなさい。

8章 ハーモニー

◆ 本章のテーマ

「調和」を司るギリシア神話の女神「ハルモニア」(harmonia) の名を語源とする「ハーモニー」は，メロディやリズムと比較すると，西洋音楽の歴史の流れにおいて最も顕著に変容し，そして高度に体系化された音楽要素といえる。自然現象としての倍音がもたらす響きや，それらを構成する諸音の音程をもとに考案された音階・旋法などの音組織を背景としつつ，複数の音や声部を「調和」させる技法としての側面を持ち，このことは古来，多くの理論書が生み出されてきた事実が示している。その一方で，「ハーモニー」の本来の意味を敷衍すれば，それは西洋音楽に限らず，さまざまな音楽に見られる事象とも捉えられよう。

このように歴史的・様式的な視座から多角的に論考すべきものであるが，本章では「音楽の三要素」の一つという観点から，基本的なハーモニーの機能性や和音の形態を中心に説明する。その予備知識となる「音程」や「音階」，「調」の詳細は，楽典の本を参照されたい。また，西洋音楽におけるハーモニーの成立過程や歴史的変遷，そのほか「和声法」などの技法に関しては，他の良書の熟読を勧める。

◆ 本章の構成・キーワード

8.1 和音と和声
　　「和音」の二つの意味，「和声」の二つの意味，「和音」と「和声」の違い
8.2 和音の構成と和音表記法
　　三和音，和音記号，基本形，転回形，七の和音
8.3 和音の機能
　　和音と調，トニック，ドミナント，サブドミナント，和音の解決，カデンツ，終止
8.4 メロディとハーモニーの関係
　　和声音と非和声音，非和声音の解決，経過音，刺繍音，倚音，掛留音，逸音，先取音

◆ 本章で学べること

☞ 調の中で各和音が帯びる機能とそのはたらき
☞ 特定の和音進行によってつくられる「終止」と楽曲形式の関連性
☞ メロディとハーモニーの関係

8.1 和音と和声

「高さの異なる2つ以上の音が同時に鳴ることで生じる合成音」を**和音**（chord）と呼ぶ。もっともこれは広義のものであり，一般的には機能和声に基づく音楽における「一定の法則による音程の集積から構成された，3つ以上の音をもつ音響集合体」を指す。「和音」という用語はすでに5.3節で用いており，そこに挙げた「三和音」のほか，四つの音で構成される**七の和音**（seventh chord）などは後者に捉えられるものである。

また，「機能和声」という用語もこれまで何度か用いているが，この**和声**（harmony）も和音と同じように二つの意味を持つ。

広義には「2つ以上の声部の音の動きによって生じる音程がつくりだす響きとその変容」であり，西洋音楽史においては，音楽の形態の中心がモノフォニーからポリフォニーに移り変わり，対位法的手法のさまざまな試みをとおして醸成されていった歴史が示すものである。このような対位法的様式の中で，個々の響きの連接に重きを置いた音楽表現が追求されるようになっていった。つまり「和声」は元来，時間の流れに対して水平的に展開する複数の線が織りなすテクスチュアであって，まさに「和声」の訳語が示すように，いくつかの独立した声部からなる合唱形態に由来するものなのである。対位法と並んで音楽理論の重要な位置を占める「和声法」の実習においてその多くが，ソプラノ，アルト，テノール，バスの4声による混声四部合唱の形態，いわゆる「4声体」で行われる所以もここにある。そして各和音の響きのみならず，それぞれの声部の動きや配置が重視される理由も理解されよう。

もう一つは，17世紀から19世紀初頭にかけて体系化された，長調と短調の二つの調を土台とした機能和声に基づく「和音とその連結，および各声部における音の進行によって生み出される響き」を指し，先の定義と比較すると垂直的な展開としての和音への比重が高い。一般的に「和声」といった場合の多くはこちらを指し，「音楽の三要素」としての「ハーモニー」もこれに類する。また，何らかの調性感を持つ今日のポピュラー音楽には，そのハーモニーの根

本に機能和声の影響を見出せるものも少なくない。ただし，ポピュラー音楽やジャズにおけるハーモニーの理論では**コード進行法**（chord progression）と呼び，和音を構成する各音の進行よりも，一つの垂直的なブロックとしての個々の和音の響きと連結がより重視される。

以上から「和音」と「和声」のそれぞれの用語自体が多義的であることが理解されたと思うが，和音と和声の違いは大きく見ると「時間性の有無」といえる。つまり，和音が「垂直的」，「固定的」であるのに対し，和声は「水平的」，「流動的」な事象と捉えられるのである。このことを踏まえ次節以降は，機能和声における和音とその連結，およびそれによって形成されるハーモニーに伴うメロディの関連について説明する。

8.2 和音の構成と和音表記法

8.2.1 三和音の基本形とその構成

三和音はその調の音階を構成しているそれぞれの音，すなわち**固有音**（scale notes）上に形成され，これらの和音を**固有和音**という。以下に，長音階（**楽譜8.1（a）**）および和声短音階（楽譜（b））をもとにつくられる三和音を示す。

楽譜8.1 長音階・和声短音階をもとにつくられる三和音

各和音の下に書かれている記号は**和音記号**といい，5.6節で説明した音階各音の音度を示すⅰ，ⅱ，…ⅶと対応して，それぞれ大文字のローマ数字でⅠ，Ⅱ，…Ⅶと表記し，**Ⅰ度の和音**，**Ⅱ度の和音**，…**Ⅶ度の和音**と呼ぶ。また，それらの和音がどの調におけるものであるかを和音記号の前にドイツ音名で表記するが，長調は大文字，短調は小文字を用いる。この楽譜では，（a）はC-dur，（b）はa-mollであることが示されている。

楽譜8.1のように音階の固有音上につくられる和音の形体を**基本形**といい，

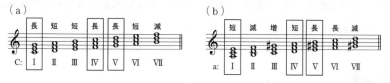

図8.1 三和音の構成音の名称

このとき三和音を構成する各音は，下から**根音**（root），**第3音**（3rd），**第5音**（5th）と呼ばれる（**図8.1**）。根音と第3音，第3音と第5音の間はそれぞれ3度音程で，三和音はこのように根音から3度音程の集積でつくられる。また，根音から第5音の間は5度音程となる。

つぎの**楽譜8.2**に，楽譜8.1で示した各和音の種類と，それらの和音の中で重要なものを示す。

楽譜8.2 長音階・和声短音階をもとにつくられる三和音の種類と主要三和音

和音の上に付記された「長」，「短」，「増」，「減」はそれぞれ「長三和音」，「短三和音」，「増三和音」，「減三和音」であることを示し，形態は三和音であっても種類が異なることがわかるだろう。また，括弧で囲まれたⅠ・Ⅳ・Ⅴを**主要三和音**（primary triads）といい，Ⅰは**主和音**（tonic chord），Ⅳは**下属和音**（subdominant chord），Ⅴは**属和音**（dominant chord）と呼ばれる。また，主要三和音以外の和音は**副三和音**（secondary triads）という。

「主和音」，「下属和音」，「属音」の名称は，それぞれ「主音」，「下属音」，「属音」の上につくられることに由来する。5.6節で述べたように，いずれの音も音階において重要な役割を果たすものだが，これは和音になっても同様である。主和音に対して完全5度下の下属和音と完全5度上の属和音はそれぞれ主和音と結びつき，その和音進行は特有のニュアンスを生み出す。そのほか注目すべき点は，どちらの音階も属和音は長三和音で共通しながら，主和音と下属和音は，長音階では長三和音，和声短音階では短三和音となることである。このことが，それぞれの音階によって生み出される「長調」，「短調」という二つの調の調性感を明確なものとしている。

8.2.2 三和音の転回形

音階の固有音である根音は和音が構成されるための土台となる音だが、つねに最低音になっているとは限らない。例えばC-durのIの基本形は、根音であるC音を最低音にC-E-Gの配置であるが、第3音のE音が最低音となってE-G-C、第5音のG音が最低音となってG-C-Eという配置がなされることもある。

このように、和音の構成音を変えることなく最低音に根音以外の音が置かれる和音の形体を**転回形**（inversion）という。「転回」とは音の上下の関係を変えることで、下の**楽譜8.3**では、（a）の基本形で最低音である根音が矢印で示したように1オクターヴ高い位置に移動すると（b）のように和音の形が変わり、第3音が最低音に置かれる。さらに、（b）で最低音となった第3音が1オクターヴ高い位置に移動すると（c）のようになる。第3音が最低音の（b）の形体を**第1転回形**（1st inversion）、第5音が最低音の（c）の形体を**第2転回形**（2nd inversion）という。黒色の音符は根音を示しており、転回に伴って和音内での根音の位置が変わることが理解されるだろう。第1転回形や第2転回形になったときの最低音は根音ではないので注意してほしい。

楽譜8.3 和音の転回と三和音の転回形

和音は、根音が最低音に置かれる基本形が最も安定したニュアンスを持ち、第1転回形、第2転回形…と転回されるにつれて響きの安定度は失われ、緊張度が増す。もちろんこのことは、その部分の音楽の安定・不安定の度合いに影響するのはいうまでもない。

8.2.3 三和音の表記法

前項の楽譜8.3の和音は、いずれもC-durのIであることは共通している

が，それぞれ形体が異なるので，形体の違いを和音記号で表す必要がある。これには時代や国によっていくつかの表記法があるが，**楽譜 8.4** に示した (1) と (2) の表記が日本ではおもに用いられている。

楽譜 8.4 和音記号の表記法の一例

(1) は，和音を示すローマ数字の右上に「1」，「2」などの**転回指数**と呼ばれる数字を置くもので，転回した回数がそのまま数字として示される。これは日本で独自に考案された表記法で，一定の試行期間を経て，東京芸術大学音楽学部での和声の集団授業を念頭に編纂されたテキストで全面的に導入されたものである。

(2) は，転回した和音での最低音とその上の構成音との音程を表す数字を右側に置くものである。三和音の第 1 転回形では，最低音の第 3 音と最高音の根音との音程である「6」が，第 2 転回形では，最低音の第 5 音とその上の根音および第 3 音との音程である「4」と「6」の数字が置かれる。この表記法は 17〜18 世紀のバロック時代にヨーロッパで広く行われていた**通奏低音**（basso continuo〔伊〕, Generalbass〔独〕, basse continue〔仏〕）と呼ばれる，鍵盤楽器による即興的な伴奏様式あるいは低音パートにおいて，その低音に数字が付記された**数字付低音**に由来するものである。日本では (1) の表記法がつくられるまでは (2) の表記で和音を表すのが一般的だったが，現在は両方の表記法が使われている。本書では (1) の表記法を用いることとする。

このほかの和音表記法として**コード・ネーム**（chord name）があり，すでに 7.3.3 項以降の譜例で用いているので，ここで簡単に触れておきたい。コード・ネームはおもにポピュラー系の音楽で使われる和音表記で，根音となる音の音名を英語のアルファベットで記し，それに音程を表す用語や数字を組み合わせることによって和音の形態を示すものである。コード・ネームが和音記号

と大きく異なるのは，根音となる音の音名が示されるので，和音の構成音にどのような音が含まれるのかが具体的に把握できる点にある。つまりその仕組みさえ理解すれば，楽譜がなくとも実際の和音の響きや進行がイメージできるので，これはコード・ネームの大きな長所といえる。

例えば，先の楽譜8.4の和音をコード・ネームで表記すると左から「C」，「C/E」，「C/G」となり，どの調に置かれるのかは考慮されることなく，つねにこの音名と形体を持った和音として認識される。すなわち，ここで説明したようにC-durのみならず，G-dur（Ⅳ）の和音かもしれないしF-dur（Ⅴ）の和音かもしれないし，あるいはa-moll（Ⅲ）の和音，e-moll（Ⅵ）の和音かもしれない。逆に和音記号はローマ数字だけではどの音名によって構成される和音かは確定せず，どのような音名の音を持つかはわからないが，調を示す記号が必ず明示されるため，その調の中での和音としての「機能」を和音記号から読み取ることができる。これらのことから和音記号は「相対的」，コード・ネームは「絶対的」な和音表記法といえよう。コード・ネームの説明は以上にとどめるので，表記の仕方やコード・ネームの読み方については他書を参照いただきたい。

8.2.4 七の和音の構成と表記法

七の和音は，それぞれの三和音にさらに3度上の音を重ねることでつくられる。この音は，根音の7度上に置かれることから**第7音**（7th）と呼ばれる（**図8.2**）。

つぎに，長音階（**楽譜**8.5（a））および和声短音階（楽譜（b））をもとにつくられる七の和音を示す。

図8.2 七の和音の構成音の名称

楽譜 8.5 長音階・和声短音階をもとにつくられる七の和音

七の和音の和音記号は，三和音の和音記号の右下に「7」の数字を付記して示されるもので，I_7，II_7，…VII_7と表記し，I度（の）七の和音，II度（の）七の和音，…VII度（の）七の和音と呼ぶ。七の和音の中でも特にV_7は重要な働きを持つ主要な和音に位置づけられるもので，属音上につくられることから**属七の和音**（dominant 7th chord）と呼ばれ，長三和音に短3度を重ねた構成で長調・短調ともに同じ形となる。楽譜8.5で「属」と記載され，括弧で囲われている和音がそれである。また，V_7以外の副次的な和音は**副七の和音**（secondary 7th chords）という。この中で短調のVII_7は**減七の和音**（diminished 7th chord）と呼ばれ，和音構成音の各音程がすべて短3度という特徴を持ち，和音の響き自体が非常に不安定で緊張感をはらむものである。楽譜8.5では「減」と記載し，括弧で囲んで示している。

七の和音は四つの構成音で形成されるので，転回形は三和音より一つ増えて三つとなり，つぎの**楽譜8.6**のように（a）の基本形から（d）の**第3転回形**（3rd inversion）まで四つの形体を持つ。ここでは例としてa-mollのV_7を示す。

楽譜8.6 七の和音の基本形と転回形

8.3 和音の機能

8.3.1 和音と調の関係性

機能和声という用語を5.3節からこれまで何度か用いてきたが，これは音階上の各音，あるいはそれをもとにつくられる個々の和音が一定の「役割」や「働き」を持って進行・連結することで，長調・短調の調性を形成する体系である。それぞれの和音は独立的に存在するのではなく，他の和音と密接な繋がりを持ち，一つの有機的な音組織の中で機能性を帯びたものとなる。それは，

そこで規定される調の中で,「安定的・固定的」(弛緩) と「不安定的・流動的」(緊張) という二つの原理に基づく,ある種の「性格」や「性質」を獲得することともいえる。

例えば,C-E-Gの和音は,物理的・音響的にその特性と響きは一定である。しかし,どの調の中で響くかによって,聴き手は異なったニュアンスを受けるだろう。8.2.3項で述べたが,この和音はC-dur以外の調の固有和音になりうる。C-durではⅠなので,主和音として調の中心的な和音に位置づけられるものの, a-mollではⅢ, G-durではⅣ, F-durではⅤといったように和音記号が変わり,それらの調では主和音の働きを持ちえない。

ここでの和音と調の関係を図で表してみよう。下の図8.3には,それぞれ同じ形の四角い枠の中に丸い図形が描かれている。丸い図形の色はどれも白色だが,枠のほうは図 (a) は白色,図 (b) は灰色,図 (c) は黒色というように異なっている。図 (a) は丸い図形もその周りも白色なのでコントラストは見られないものの,図 (b) から図 (c) へと徐々に色が濃くなるにつれてコントラストが強まっていく。このコントラストの違いは,そのまま丸い図形の見え方の違いとなって表れる。図 (a) は周囲の色に同化して落ち着いた感じがするが,図 (c) では対立するものとして浮かび上がって見え,張り詰めた印象がしないだろうか。

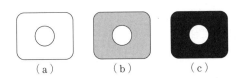

図8.3 和音と調の関係の概念図

ここでは丸い図形を「和音」,四角い枠の背景となる部分を「調」に見立てている。絵画などはその背景の色合いによって,描かれている物や人物の印象が変わるだろう。同じように,和音もその背景となる調によって印象が変わる。これがすなわち,和音の「機能」の違いとして認識されるのである。

8.3.2 主要三和音における機能とカデンツ

三和音のうち，I・IV・Vが特に重要な役割を持つ「主要三和音」と呼ばれ，主和音の完全5度下に下属和音のIV，完全5度上に属和音のVが置かれて相互に強い結びつきを持つことは8.2.1項ですでに述べた．ここでは，その機能について具体的に見ていこう．

主要三和音のうち，Iはその調の中で最も安定したニュアンスを持つ和音であり，主和音として和音進行の中心であるとともに，音楽の起点と終点となる重要な和音として機能する．この機能は，和音が主音（tonic）上につくられることによってもたらされるので**トニック**（略号：**T**）という．

安定的なIに対して，Vはその調において非常に不安定なニュアンスを帯び，緊張感の解消に向けてIに進もうとする性質を持つ．これは，Vが属音（dominant）上につくられることで生じるもので，この機能を**ドミナント**（略号：**D**）という．また，V-I（**D-T**）の進行での不安定性・緊張感の解消のことを和音の**解決**（resolution）といい，この解決感はVよりもV$_7$のほうが強まる．なぜなら，V$_7$は第3音と第7音でつくられる減5度（あるいは増4度）の**不協和音程**（dissonant interval）を含み，これが和音の不安定性・緊張感をより一層高めるからである．そのような効果からV$_7$-I（**D-T**）の進行は強いはっきりとした終止感を生み出すので，楽節や曲の終わりで用いられることが多い．

V$_{(7)}$-Iほどの解決の度合いはないものの，IVもIと結びついて，ある種の終止感を生み出す．下属音（subdominant）上につくられたIVのこのような進行の機能は**サブドミナント**（略号：**S**）という．

以上の内容を楽譜にまとめてみよう（**楽譜**8.7）．

楽譜8.7　和音機能による主要三和音の結びつき

このような和音の機能性を考えると，T機能を持たないそのほかの和音はすべて何らかの不安定的なニュアンスを帯びるものと捉えうる。つまり，安定的なI（T）が他の和音に進行した時点で不安定な局面に入っているのであり，その不安定性の解消のために，一定の規則に基づき，再びI（T）へと進行しようとする「安定→不安定→安定」のプロセスが生じることとなる。

その進行の中で最も基本的なのは，I（T）から5度下行（または4度上行）を繰り返して再びI（T）に戻る**ドミナント進行**（**D進行**）(dominant motion) である。ドミナント進行は，**強進行**あるいは**正進行**ともいう。到達するI（T）から離れるごとに「ドミナント」，「第2ドミナント」（D$_2$），「第3ドミナント」（D$_3$）…「第6ドミナント」（D$_6$）と呼ばれるが，先のV-I（D-T）は，到達するI（T）でのプロセスであることが理解されよう。以下にC-durを例に，その和音進行での根音の動きを示す（**楽譜**8.8）。

楽譜8.8　ドミナント進行

もう一つの進行は，I（T）から5度上行（または4度下行）を繰り返して再びI（T）に戻る**サブドミナント進行**（**S進行**）(dominant motion) である。サブドミナント進行は，**弱進行**あるいは**変進行**ともいう。到達するI（T）から離れるごとに「サブドミナント」，「第2サブドミナント」（S$_2$），「第3サブドミナント」（S$_3$）…「第6ドミナント」（S$_6$）と呼ばれ，先に説明したIV-I（S-T）は，到達するI（T）でのプロセスにほかならない（**楽譜**8.9）。

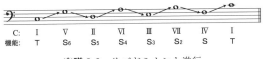

楽譜8.9　サブドミナント進行

「安定」から「不安定」，そして再び「安定」へと推移する和音のニュアンスの変化は，音楽の進行力（流れ）を聴き手に感じさせる働きの一つであるが，

調性音楽においては機能の繋がりによってもたらされる。その機能の繋がりを**カデンツ**（または**終止形・ケーデンス**）(Kadenz〔独〕, cadence〔英〕〔仏〕, cadenza〔伊〕) といい，つぎの**図8.4**に示した三つがおもに用いられる。なお，次項の「終止」も「カデンツ」と呼ばれるが，ここではそれとは区別して和音機能の一連のユニットを示す用語として扱う。

T − D − T （第1型：K1）
T − D₂ − D − T （第2型：K2）
T − S − T （第3型：K3）

図8.4 主要カデンツ

8.3.3 各和音の機能と終止

前項の図8.4で示した三つのカデンツの中で第2型（K2）に置かれた**D₂**だが，これは先のドミナント進行から理解されるだろう。つまり，この**D₂**の機能を持つ基本の和音はⅡで，続くⅤの不安定感・緊張感を高める働きをする。また**D₂**には，Ⅱと近似の構成音を持つⅣがⅡの**代理和音**（substitute chord）として用いられる。このことから，Ⅳはつぎの和音が**T**の場合は**S**，**D**の場合は**D₂**の二つの機能性を持つ和音と見なしうる。Ⅵも代理和音の考えを適用すれば，Ⅰと近似の構成音であるため**T**の機能を持つ。そのほか，Ⅲはつぎに連結される和音との関係で**T**または**D**，Ⅶは**D**の機能を持つが，ここでは扱わない。また，V₍₇₎の和音のヴァリエーションとしてI² V₍₇₎があり，これも**D**の機能を持つ。I²は一般的にV₍₇₎と結びつくことが多く，そのときに主体となるのはあくまでV₍₇₎であって，I²は独立した機能を帯びた和音とは見なされない。

以上をまとめると，和音機能と和音との関係はつぎの**表8.1**のように表される。なお，**T**の中でⅠとⅥが用いられる場合は「Ⅰ→Ⅵ」，**D₂**の中でⅡとⅣが用いられる場合は「Ⅳ→Ⅱ」の進行が一般的である。

こうして見てみると，カデンツは「文型」，和音は「単語」のように例えることができる。例えば，英語には「S + V」や「S + V + C」，「S + V + O」などのいわゆる「基本5文型」があるが，それら「S」（主語），「V」

表8.1 機能と和音の対応

機能	用いられる和音
T	Ⅰ・Ⅵ
D	V₍₇₎・I² V₍₇₎
D₂	Ⅱ・Ⅳ
S	Ⅳ

(動詞),「C」(補語),「O」(目的語)の要素に入る単語はさまざまである。これと同じように,調性音楽における基本的なカデンツ(文法)は三つで,「T」,「D」,「D₂」,「S」の機能(要素)に,多種多様な形態の和音(単語)が組み込まれると考えると理解しやすい。

さて,ここで会話や文章などの成り立ちに置き換えて和音進行を説明したが,和音進行においても句読点((、)や(。)など)のようなものがある。これを**終止**といい,その形態によって**全終止**,**偽終止**,**半終止**,**変終止**の4種がある(**表8.2**)。会話や文章での,「〜である」,「〜だが」,「〜で」などの表現に相当するもので,これらの組合せによって音楽のさまざまな進行(流れ)が生み出される。7.4節「楽節」の説明ではメロディにおける句読点に触れたことを思い出してほしい。つまり,メロディとハーモニー,そして楽曲の形式は,密接な繋がりを持ったものであることが理解されるだろう。

表8.2 機能と和音の対応

名称	略号	和音進行	機能連結
全終止	全	$V_{(7)} \rightarrow I$	D→T
偽終止	偽	$V_{(7)} \rightarrow VI$	D→T
半終止	半	→ V	→D
変終止	変	IV → I	S→T

「全終止」は**完全終止**とも呼ばれ,楽節や曲の締めくくりに置かれる。句点(。)やピリオド(.)のような明確な終止感をつくるために,一般的には上声部を導音から主音へと進行させ,上声部・下声部ともにその調の主音が鳴らされることで強い終止感を生むものである。また,8.3.2項でも述べたように,決然とした終止にあってはVよりもV_7を用いることが多く,それによって不安定感・緊張感を高め,Ⅰへの解決感を決定的なものにする。なお,Ⅰの上声部が主音とならないものや,VかⅠのどちらかの和音が転回形であるものは,終止感が弱まるため**不完全終止**と呼ばれる。

「偽終止」は,全終止と同じく**D-T**の機能連結であり,ⅥがⅠの代理和音であることからもわかるように,全終止するものという聴き手の予想を裏切って

終止しない，つまり「偽り」の終止である．終わるようで終わらないので読点（、）やコンマ（,）のニュアンスを持つが，何よりこの終止が目的とするのは，その意外性によって音楽の展開に変化をつけることである．

「半終止」は，属和音特有の不安定感を利用した終止で，楽節や曲の途中に設定され，聴き手につぎの展開を強く期待させる効果がある．読点やコンマのニュアンスを持ち，その独特の浮遊感は，I^2やD_2の和音（ⅡやⅣ）を前に置くことでさらに強調される．D機能単独の終止であるが，V_7はつぎの和音に進もうとする性質を持つのでここでは扱われず，もっぱらⅤの基本形のみが用いられる．先の7.5.2項ではベートーヴェン「ピアノ・ソナタ 第1番」の第1～8小節を「フライタークの三角形」と関連させながら考察し，大楽節の構成としてはクライマックスを経て閉じられているとした．しかし，第8小節の和音は主調のf-mollのⅤで半終止となっており，安定した終止が回避されてつぎの展開への期待を高めている．つまり，「音楽は閉じられていない」ことがここからわかる．

「変終止」は**変格終止**（Plagalschluss〔独〕, plagal cadence〔英〕）の呼称を持つが，これは「全終止」の別称である**正格終止**（Authentischer Schluss〔独〕, authentic cadence〔英〕）の対語である．また，8.3.2項で説明した「サブドミナント進行」が「変進行」という別名を持つことを考えると，この終止の名称の意味と性格が理解できよう．変終止の終止感は全終止ほど強くはないものの，ある種の到達感はニュアンスとして感じられる．また，賛美歌の最後の「amen」（かくあれかし）の部分に用いられる終止であることから俗に「アーメン終止」とも呼ばれ，全終止や偽終止のあとに多く見られる終止である．

なお，表8.1で各終止と対応する和音進行を示したが，その和音進行が行われていれば終止ということではない．例えば，あるフレーズの途中で「Ⅴ→Ⅵ」や「Ⅳ→Ⅰ」の和音進行があっても，それぞれ「偽終止」，「変終止」とはならない．これまでに何度か述べているように，終止は楽節と不可分の関係にあるから，単に和音進行のみならず，メロディやリズムも視野に入れて楽曲構造の観点から捉えるべきものである．

8.4 メロディとハーモニーの関係

8.4.1 和声音と非和声音

メロディとハーモニーが密接な繋がりを持つことは7章「メロディ」で言及した。ここではその基本的な原理を説明する。

ある和音進行に対するメロディの各音は，和音を構成する音か，それ以外の音のいずれかとなる。このようにメロディの中で和音を構成する音を**和声音**（chord tones），和声音以外の音を**非和声音**（non-chord tones, nonharmonic tones，または**和声外音**）という。非和声音はそれ自体が独立した音ではなく和声音と密接な繋がりを持ち，和声音の2度上方，あるいは2度下方で隣接する。このとき，和音を構成する音との間に，濁った不協和な響きが瞬間的であるが生じ，和声音と比較して緊張感が増す。先の8.3.2項で$V_{(7)}$-Iでの「和音の解決」について説明したが，同様にここでは同一和音内，あるいは後続和音の和声音に向けた「非和声音の解決」が行われることで，緊張感や不安定感の解消が図られるのである。

8.4.2 非和声音の種類

非和声音は，拍節内での出現箇所や隣接する和声音との関係によって，以下の6種類に分けられる。

- (a)-1 **経過音**（passing tone）（略号：【カ】）
- (a)-2 **刺繍音**（または**補助音・隣接音**）（auxiliary tone, neighbor tone）（略号：【シ】）
- (b)-1 **倚音**（appoggiatura）（略号：【イ】）
- (b)-2 **掛留音**（suspension (step down), retardation (step up)）（略号：【ケ】）
- (c)-1 **逸音**（escape tone〔英〕, échappée〔仏〕）（略号：【ツ】）
- (c)-2 **先取音**（anticipation，または**先行音**）（略号：【セ】）

上記のうち，(a), (c)は「弱拍」,「拍の弱部」に置かれるグループ，(b)

は「強拍」,「拍の強部」に置かれるグループである。

(a)-1の経過音は,前後の和声音が異なる音高のもの,(a)-2の刺繍音は,前後の和声音が同一の音高のものである。

(b)-1の倚音は,前に置かれる音との関係を持たず唐突に現れ,非和声音の中で最もインパクトが強い。また(b)-2の掛留音は,(b)-1の倚音が先行和音の音と音高が同じで,その音が予備音となってタイで結ばれるものと捉えうる。倚音のような強い緊張感は伴わないものの,倚音と同様,強拍(あるいは拍の強部)に置かれるので一定のインパクトを持ち,シンコペーションで用いられることが多い。

(c)-1の逸音は,前の和声音と2度音程で接するが,つぎの和声音には2度以外の音程で,逸音の前の音からの進行とは逆方向に進行する性質を持つ。(c)-2の先取音は,つぎの和音に変わる前にその和音の和声音を「先取る」ものである。

つぎの**楽譜8.10**に,上記6種類の非和声音を用いてつくられるメロディの一例を示す。ここでの和音のパートは伴奏ではなく和音の構成音を表しており,どれもC-durのV_7-Iという和音進行である。

比較しやすいように単純なリズムのメロディにしたが,より複雑なリズムで音数も多くなれば,メロディが醸し出すニュアンスの多彩さが増す。そして,

楽譜8.10 非和声音の種類

同じハーモニーであっても，メロディの中に非和声音をどのように含めるかによってさまざまな形態のメロディをつくることができるのである。これを踏まえると，メロディはハーモニーの流れの中での「和声音と非和声音を組み合わせた集合体」といえよう。もちろん，7.1 節で述べた本質的な意味としてのメロディの定義から，ハーモニーと関係なく，それ自体で独立したメロディもあるのは論を俟たない。

メロディを「和声音と非和声音を組み合わせた集合体」とするならば，メロディに含まれる個々の音を和声音と非和声音に分類して捉え，それに即したハーモニーをつけることも可能である。**楽譜 8.11** は，7.4.7 項で取り上げた「春が来た」に 2 通りの和音設定を施したものである。

楽譜 8.11 「春が来た」の和音設定の一例

（a）は三和音を主体とし，Ⅰ・Ⅳ・Ⅴ(7) の三つの和音のみで構成されている。第 7 小節以外は 1 小節に 1 和音の設定で，加えて第 1〜3 小節は Ⅰ が続くため変化に乏しい。一方，（b）は七の和音が多く用いられ，第 6〜7 小節の

Fis音やEs音が示すようにC-dur以外の調の和音も含まれており，おもに2拍ごとの周期性による和声リズムと相まってハーモニーの変化に大きな起伏が見られる。しかし，その起伏は激しいものではなく，響きの緩やかなグラデーションとして感じられるだろう。これは，第1〜4小節と第5小節の第4拍から第7小節の第1拍にかけての順次下行するベースラインの働きが大きい。そして，（a）は全音符，（b）は8分音符の音価を基調とした伴奏型のリズムであることも，両者の音楽性の違いを際立たせている。

このように（a）と（b）のハーモニーの構成は異なるものの，どちらもメロディの各音が和声音か，あるいは6種類の非和声音うちのいずれかであるのは共通している。また，第3小節の第1拍のA音が（a）では倚音，（b）では和声音となっている点を除けば，非和声音の種類や出現箇所も同じである。もし，非和声音の種類を変えるならば，例えば第5小節と第6小節の第2拍で刺繍音となっているところに第1拍と異なる適切な和音を置くと倚音にできる。また，非和声音と見なされる音に，それを構成音とする和音を設定すれば，和声音に変えることもできる。ハーモニーのつけ方で，一つのメロディに多種多様なニュアンスを持たせられるのである。

このように，機能和声やそれに類する和声進行に基づく音楽では，メロディとハーモニーは独立したものでなく，密接な関係性を持ちながら融合して，時間軸上に展開されている。

演習問題

〔8.1〕 「和音」と「和声」の定義，およびそれぞれの違いを説明しなさい。
〔8.2〕 「主要三和音」と「副三和音」について説明しなさい。
〔8.3〕 和音の「機能」，および「カデンツ」について述べなさい。
〔8.4〕 非和声音の種類を挙げ，それぞれの特徴を説明しなさい。

引用・参考文献

1章

1) Seeger, Charles：Prescriptive and descriptive music writing, Musical Quartely. 44 (2), pp. 184-195, (1958)
2) 高橋浩子ら編著：西洋音楽の歴史，東京書籍（1996）
3) 皆川達夫：楽譜の歴史，音楽之友社（1985）
4) 岡田暁生：西洋音楽史，中央公論新社（2005）
5) http://commons.wikimedia.org/wiki/File:Neume2.jpg
6) https://commons.wikimedia.org/wiki/File:NotreDameDeParis.jpg?uselang=ja
7) 増田　聡：その音楽の〈作者〉とは誰か，みすず書房（2005）
8) 渡辺　裕：聴衆の誕生，春秋社（1989）
9) 西原　稔：音楽家の社会史，音楽之友社，（1987）
10) 増田　聡，谷口文和：音楽未来形，洋泉社（2005）
11) https://commons.wikimedia.org/wiki/File:Musikverein_Goldener_Saal.jpg?uselang=ja
12) フィリップ・パレス 著，宮澤溥明 訳：音楽著作権の歴史，第一書房（1988）
13) 細川周平：近代日本音楽史・見取り図，現代詩手帳 41, 5, pp.24-34（1998）

2章

1) 増田　聡，谷口文和：音楽未来形，洋泉社（2005）
2) http://upload.wikimedia.org/wikimedia/commons/0/03/Edison_and_phonograph_edit1.jpg
3) 谷口文和，中川克志，福田裕大：音響メディア史，ナカニシヤ出版（2015）
4) https://upload.wikimedia.org/wikimedia/commons/9/98/Emile_Berliner_with_phonograph.jpg
5) 細川周平：レコードの美学，勁草書房（1990）
6) http://www.charm.rhul.ac.uk/studies/chapters/chap3.html
7) http://www.stokowski.org/1925_Other_Electrical_Recordings_Stokowski.htm
8) http://upload.wikimedia.org/wikimedia/commons/thumb/f/f9/Telegrafon_8154.jpg/1280px-Telegrafon_8154.jpg
9) https://en.wikipedia.org/wiki/Reel-to-reel_audio_tape_recording#/media/File:Ton.S.b,_tape_unit.jpg
10) S.H.Fernando: New Beats, Anchor, (1994) ／石山淳訳：ヒップホップ・ビーツ，ブルースインターアクションズ（1996）

11) D.Toop：Rap Attack 2, Serpent's Tail (1992)
12) 溝尻真也：日本におけるミュージックビデオ受容空間の生成過程，ポピュラー音楽研究，10，pp.112-127（2006）
13) キーワード事典編集部編：キーワード事典・ポップの現在形，洋泉社（1990）
14) 井手口彰典：ネットワーク・ミュージッキング，勁草書房（2009）
15) 梅田望夫：ウェブ進化論，ちくま新書（2006）
16) 東谷　護　編著：ポピュラー音楽へのまなざし，勁草書房（2003）
17) 谷口文和の2007年12月14日，東京工科大学メディア学部「音楽文化論」第12回授業における指摘より
18) 遠藤　薫：間メディア社会と〈世論〉形成，東京電機大学出版局（2007）
19) A.Toffler：The Third Wave, Bantman Book (1980) ／鈴木健次ほか訳，第三の波，NHK出版（1980）
20) 濱野智史：アーキテクチャーの生態系，NTT出版（2008）
21) 増田　聡：文化的所有物の多層性，10＋1，39，pp.27-28（2005）
22) 八田真行：クリエイティヴ・コモンズに関する悲観的な見解，https://osdn.jp/magazine/03/09/29/0955208
23) 遠藤　薫：廃墟で歌う天使，現代書館（2013）
24) N.Yako：ネットレーベル「分解系」と今現在，第26回日本ポピュラー音楽学会大会基調シンポジウム「メタ複製技術と音楽文化の変容」での発表より（2014）

3章

1) 日本レコード協会，音楽ソフト種類別生産金額推移（1952〜2015年）
2) 日本レコード協会，有料音楽配信売上実績
3) 総務省，平成24年通信利用動向調査
4) 安藤和宏：よくわかる音楽著作権ビジネス 基礎編（4th Edition），リットーミュージック（2011）
5) David Kusek, Gerd Leonhard：デジタル音楽の行方，翔泳社（2005）
6) 生明俊雄：ポピュラー音楽は誰が作るのか―音楽産業の政治学，勁草書房（2004）
7) 杉山勇司：レコーディング／ミキシングの全知識，リットーミュージック（2004）
8) 津田大介：だれが「音楽」を殺すのか？，翔泳社（2004）

4章

1) 岩宮眞一郎：音楽の科学がよくわかる本，秀和システム（2012）
2) 岩宮眞一郎：CDでわかる音楽の科学，ナツメ社（2009）

3) 重野　純：音の世界の心理学，ナカニシヤ出版（2003）
4) 日本音響学会 編：音のなんでも小事典，講談社（1996）
5) チャールズ・テイラー 著，佐竹　淳，林　大 共訳：音の不思議をさぐる，大月書店（1998）
6) ジョン・R・ピアーズ 著，村上陽一郎 訳：音楽の科学，日経サイエンス社（1989）
7) ホアン・G・ローダラー 著，高野光司，安藤四一 共訳：音楽の科学—音楽の物理学，精神物理学入門—，音楽之友社（1981）

5章

1) 芥川也寸志：音楽の基礎，岩波新書（1971）
2) 石桁真礼生，丸田昭三，金光威和雄，末吉保雄，飯田　隆，飯沼信義：楽典 理論と実習，音楽之友社（1965）
3) 岩宮眞一郎：音楽の科学がよくわかる本，秀和システム（2012）
4) 小方　厚：音律と音階の科学，講談社（2007）
5) 小山大宣：ジャズセオリーワークショップ1，武蔵野音楽学院出版部（1980）
6) 小山大宣：ジャズセオリーワークショップ2，武蔵野音楽学院出版部（1980）
7) 菊本哲也：基礎楽典，全音楽譜出版社（1978）
8) 桜井　進，坂口博樹：音楽と数学の交差，大月書店（2011）
9) 千蔵八郎ほか：基本 音楽史，音楽之友社（1968）
10) 西尾　洋：応用楽典 楽譜の向こう側—独創的な演奏表現を目指して，音楽之友社（2014）
11) 日本音響学会 編：音のなんでも小事典，講談社（1996）
12) 野崎　哲：新しい楽典，音楽之友社（1973）
13) 秀村冠一，小林公江，難波正明：音楽のリテラシー，オブラ・パブリケーション（2000）
14) 松平頼則：新訂 近代和声学，音楽之友社（1955）
15) 山田真司，西口磯春 編著：音楽はなぜ心に響くのか—音楽音響学と音楽を解き明かす諸科学　音響サイエンスシリーズ，コロナ社（2011）
16) オリヴィエ・アラン 著，永冨正之，二宮正之 訳：和声の歴史，白水社（1969）
17) ドナルド・H・ヴァン・エス 著，船山信子，寺田由美子，芦川紀子，佐野圭子 訳：西洋音楽史—音楽様式の遺産—，新時代社（1986）
18) チャールズ・テイラー 著，佐竹　淳，林　大 訳：音の不思議をさぐる，大月書店（1998）
19) ダイアナ・ドイチュ 著，寺西立年，大串健吾，宮崎謙一 監訳：音楽の心理学（上），西村書店（1987）

20) ジョン・R・ピアーズ 著，村上陽一郎 訳：音楽の科学，日経サイエンス社（1989）
21) ホアン・G・ローダラー 著，高野光司，安藤四一 訳：音楽の科学―音楽の物理学，精神物理学入門―，音楽之友社（1981）

6 章

1) 大村哲弥：演奏法の基礎，春秋社（1998）
2) 小泉文夫：国立劇場芸能鑑賞講座 日本の音楽〈歴史と理論〉理論篇，日本芸術文化振興会（1974）
3) ペーター・ベナリー 著，吉田雅夫 監修，竹内ふみ子 訳：演奏のためのリズムと拍節，シンフォニア（1982）
4) 菊本哲也：基礎楽典，全音楽譜出版社（1978）
5) 斎藤秀雄：指揮法教程，音楽之友社（1956）
6) 坂口博樹：オクターブ・サークルではやわかり！「しくみ」から理解する楽典，ヤマハミュージックメディア（2011）
7) 坂口博樹：すぐわかる！4コマ楽典入門，ヤマハミュージックメディア（2012）
8) 東川清一：だれも知らなかった楽典のはなし，音楽之友社（1994）
9) 田村和紀夫：シンコペートしなきゃ意味がない―悠久の時を刻む生命のリズム 21世紀の音楽入門2（2003 SPRING），pp.4-12，教育芸術社（2003）
10) G. W. クーパー，L. B. マイヤー 著，徳丸吉彦，北川純子 訳：新訳 音楽のリズム構造，音楽之友社（2001）
11) ポール・クレストン 著，中川弘一郎 訳：リズムの原理，音楽之友社（1968）
12) エリック・テーラー 著，山口清三 訳：楽典入門 第1巻 基礎編，サーベル社（2002）

7 章

1) エルンスト・トッホ 著，武川寛海 訳：旋律学，音楽之友社（1953）
2) ハンス・ペーター・シュミッツ 著，井本晌二，滝井敬子 訳：演奏の原理，シンフォニア（1977）
3) アルノルト・シェーンベルク 著，G. ストラング，L. スタイン 編，山縣茂太郎，鴨原真一 訳：作曲の基礎技法，音楽之友社（1971）
4) グスタフ・フライターク 著，島村民蔵 訳：戯曲の技巧 上巻，岩波書店（1949）
5) 芥川也寸志：音楽の基礎，岩波新書（1971）
6) 石桁真礼生：新版 楽式論，音楽之友社（1950）
7) 市田儀一郎：バッハ インヴェンションとシンフォーニア，音楽之友社（1971）

8) 浦田健次郎：楽式 新総合音楽講座 4，ヤマハミュージックメディア（1990）
9) 大村哲弥：演奏法の基礎，春秋社（1998）
10) 小鍛治邦隆：作曲の技法 バッハからヴェーベルンまで，音楽之友社（2008）
11) 小沼純一：「旋律」の輪郭 21世紀の音楽入門 4（2004 SPRING），pp.20-31，教育芸術社（2004）
12) 属 啓成：楽典と楽式，音楽之友社（1958）
13) 高山 博：ポピュラー音楽作曲のための旋律法，リットーミュージック（2012）
14) 諸井 誠：諸井誠のベートーヴェン ピアノ・ソナタ研究 I（第 1 番～第 11 番）「人生ソナタにおける序奏部と提示部」，音楽之友社（2007）
15) 門馬直衛：音楽形式《新版》 音楽講座，音楽之友社（1977）
16) ヴァルター・ギーゼラー 著，佐野光司 訳：20世紀の作曲 現代音楽の理論的展望，音楽之友社（1988）
17) リヒャルト・シュテール 著，属 啓成 訳：音楽形式学，音楽之友社（1954）
18) ボブ・スナイダー 著，須藤貢明，杵鞭広美 訳：音楽と記憶 認知心理学と情報理論からのアプローチ，音楽之友社（2003）
19) グスタフ・フライターク 著，島村民蔵 訳：戯曲の技巧 下巻，岩波書店（1949）
20) グスタフ・フライターク 著，菅原太郎 訳：フライターク 戯曲論，春陽堂書店（1938）
21) R. スミス・ブリンドル 著，吉崎清富 訳：新しい音楽——1945年以降の前衛，アカデミア・ミュージック（1988）

8 章

1) 芥川也寸志：音楽の基礎，岩波新書（1971）
2) 伊藤謙一郎，柳田憲一：学生のための和声の要点，サーベル社（2002）
3) 植野正敏，久保洋子，鈴木英明，永田孝信，水谷一郎，武藤好雄：明解 和声法［上巻］音楽を志す人々のために 音楽講座シリーズ II，音楽之友社（2006）
4) 植野正敏，久保洋子，鈴木英明，永田孝信，水谷一郎，武藤好雄：明解 和声法［下巻］音楽を志す人々のために 音楽講座シリーズ II，音楽之友社（2007）
5) 大角欣矢：ハルモニアの語り——「世界の調和」という神話 21世紀の音楽入門 6（2005 SPRING），pp.34-47，教育芸術社（2005）
6) 菊池有恒：新版 楽典——音楽家を志す人のための，音楽之友社（1998）
7) 鞍掛昭二，小桜秀爾，廣中宏雄，山田輝子，若林延昌：音楽の基礎——音楽理解はじめの一歩，音楽之友社（1997）

- 8) 小沼純一：音の重なり？ ハーモニー？―20世紀以降の和声（ハーモニー）とは　21世紀の音楽入門6（2005 SPRING），pp.4-15，教育芸術社（2005）
- 9) 小山大宣：ジャズセオリーワークショップ1，武蔵野音楽学院出版部（1980）
- 10) 島岡　譲ほか：総合和声―実技・分析・原理，音楽之友社（1998）
- 11) 島岡　譲ほか：和声―理論と実習 Ⅲ，音楽之友社（1966）
- 12) 下総皖一：和声学《新版》 音楽講座，音楽之友社（1972）
- 13) 竹内　剛，菅野真子：和声法　新総合音楽講座7，ヤマハミュージックメディア（1991）
- 14) 田村和紀夫：カデンツの歴史―西洋の自己発現の軌跡　21世紀の音楽入門6（2005 SPRING），pp.62-73，教育芸術社（2005）
- 15) 外崎幹二，島岡　譲：和声の原理と実習，音楽之友社（1958）
- 16) 中村隆一：大作曲家11人の和声法 上，全音楽譜出版社（1993）
- 17) 西尾　洋：応用楽典 楽譜の向こう側―独創的な演奏表現を目指して，音楽之友社（2014）
- 18) 秀村冠一，小林公江，難波正明：音楽のリテラシー，オブラ・パブリケーション（2000）
- 19) 柳田孝義：名曲で学ぶ和声法，音楽之友社（2014）
- 20) オリヴィエ・アラン 著，永冨正之，二宮正之 訳：和声の歴史，白水社（1969）
- 21) アンリ・ゴナール 著，藤田　茂 訳：理論・方法・分析から 調性音楽を読む本，音楽之友社（2015）
- 22) テオドール・デュボア 著，平尾貴四男 訳：和聲学（理論篇），創元社（1954）

索引

【あ】

アクセント	132
アーチ形式	166
アリストクセノス	110
アルノルト・シェーンベルク	194
アントン・ヴェーベルン	195
アン法	17

【い】

イオニア	127
倚音	213
一部形式	190
移調	109
——の限られた旋法	123
逸音	213
異名同音	122
陰旋法	123

【え】

エオリア	127
エルンスト・トッホ	159
遠隔調	122

【お】

オクターヴ	105
オクターヴ属	124
オーサーズライト	20
オシロスコープ	97
音	96
音の三要素	99
オリヴィエ・メシアン	123
オルガヌム	6
音階	113

音楽ストリーミングサービス	94
音楽の三要素	159
音高	99
音度	115
音波	96
音名	115
音律	105

【か】

解決	208
階名	115
楽音	99
楽節	173
拡大形	193
下属音	115
下属調	122
下属和音	202
下中音	115
可聴域	100
カティンミックス	41
カデンツ	210
下拍	134
カールハインツ・シュトックハウゼン	195
幹音	118
完全小節	148

【き】

基音	100
偽終止	211
機能和声	109, 206
基本形	202
基本周波数	100
逆行形	193
逆行の反行形	193

教会旋法	125
強小節	167
強拍	134
鋸歯状波	101
近親調	122
近代	128

【く】

矩形波	101
クラウディオス・プトレマイオス	107
グラモフォン	27
クーラント	154
クリエイティブ・コモンズ	57
グレゴリオ聖歌	107
クロス・リズム	155

【け】

経過音	213
芸術	11
掛留音	213
原形	193
減七の和音	206
原盤制作	90

【こ】

小泉文夫	142
高周波音	100
五音音階	122
古典派	128
コード・ネーム	204
五度圏	121
コード進行法	201
コピーライト	20
固有音	201

固有和音	201	主和音	202	【た】	
根音	202	純音	98	タイ	144
コントラスト	163	順次進行	160	対位法	192
【さ】		純正律	107	大楽節	173
		上音	100	第5音	202
再パブリックドメイン化	56	小楽節	173	第3音	202
サブドミナント	208	小節	134	第7音	205
サブドミナント進行	209	小節線	134	代理和音	210
三角波	101	上拍	134	縦波	97
産業革命	112	ショパン	128	短音階	114
三部形式	191	シンコペーション	145	短調	109
三分損益法	107	シントニック・コンマ	106		
サンプラー	82	振幅	99	【ち・つ】	
サンプリング	44			チャイコフスキー	128
三和音	107	【す】		中音	115
【し】		スウィングジャズ	129	中心音	129
		数字付低音	204	中全音律	109
磁気録音	32	【せ】		調	109
刺繍音	213			長音階	114
自然短音階	119	正格	126	超音波	100
七音音階	122	正格終止	212	調性	109
七の和音	200	正弦波	98	長調	109
実演家	73	声部	142	跳躍進行	160
私的録音補償金制度	77	世界音楽経済システム	23	著作権	18
支配音	126	セカンダリードミナント	129	著作権管理事業	70
弱小節	167	全音音階	123	著作権等管理事業法	71
弱拍	134	全音階	114	通奏低音	204
ジャズ	128	全音階的完全組織	125	【て】	
弱起	147	全終止	211		
周期	99	先取音	213	ディキシーランドジャズ	128
終止	211	セント	106	低周波音	100
終止音	126	旋法	123	定量記譜法	8, 141
集中的聴取	16	旋律短音階	120	テトラコード	123
12音技法	195	【そ】		テルパンドロス	124
十二平均律	110			テレグラフォン	32
周波数	100	噪音	99	転回形	203
周波数スペクトル	102	属音	115	転回指数	204
自由リズム	140	属七の和音	206	電気録音	30
主音	115	属調	122	テンション	129
縮小形	193	属和音	202	転調	109
主調	122	ソナタ形式	191	伝統音楽	141
出版特許	17	疎密波	96	テンポ	132
主要三和音	202				

索　引

【と】

導音	115
動機	167
同主調	122
特性音	129
トニック	208
ドビュッシー	128
ドミナント	208
ドミナント進行	209
トライアングル体制	68
ドリア	124

【に・ね】

二次利用	17
二部形式	191
ニューオーリンズジャズ	128
ネウマ譜	4, 142

【は】

倍音	100
媒質	96
拍	133
拍節	134
拍節的リズム	140
拍節法	134
派生音	118
波長	99
バッハ	128
ハードディスク レコーディング	88
パルス	132
バルトロメオ・クリストフォリ	112
バロック	128
半音階	123
反行形	193
半終止	211

【ひ】

美	11
ピエール・ブーレズ	195
ビバップ	129
ヒポイオニア	127
ヒポエオリア	127
ヒポドリア	125
ヒポフリギア	125
ヒポリディア	125
ピュタゴラス	105
ピュタゴラス・コンマ	106
ピュタゴラス音律	106
拍子	133
非和声音	213
ピンクノイズ	103

【ふ】

ファイル交換ソフト	50
フォノグラフ	26
フォーレ	128
不完全終止	211
不完全小節	148
不協和音程	208
複合音	98
複合形式	191
複合三部形式	191
複合二部形式	191
副三和音	202
副七の和音	206
部分音	100
部分動機	167
フライタークの三角形	195
ブラームス	128
フーリエ変換	101
フリギア	124
プロシューマー	55

【へ】

平均律	110
平行調	122
ベートーヴェン	128
ヘミオラ	154
変格	126
変格終止	212
編集	34
変終止	211
変奏曲	190

【ほ】

ヘンリクス・グラレアヌス	127
ボーカロイド（VOCALOID）	84
ホモフォニー	192
ポリフォニー	107
ポリフォニックシンセサイザー	81
ポリメトリック	155
保留	160
ポリリズム	155
ホワイトノイズ	103

【ま】

マイルス・デイヴィス	129
マカーム	123
マスネ	159
マッシュアップ	52
マルチトラックレコーディング	85
マルチモーダル	47

【み】

ミクソリディア	124
ミュージック	124
ミュージックビデオ	46
ミューズ	124
民族音楽	141

【む】

ムーサ	124
ムシケー	124
ムソルグスキー	128

【め】

メジャーデビュー	67
メセー	125
メトロノーム	135
メロディ	159

【も】

モード	129
モード記譜法	7
モードジャズ	129
モノフォニー	107

【よ】

陽旋法	123
横波	97
ヨハン・ネーポムク・メルツェル	136

【ら】

ラヴェル	128
ラーガ	123

【り・る】

リズム	139
律旋法	123
リディア	124
リート形式	191
リュトモス	139
呂旋法	123
リラ	123
ルネッサンス	9

【ろ】

録音再生技術	26
ロバート・モーグ博士	81
ロマン派	128
ロンド形式	191

【わ】

和音	200
和音記号	201
和声	200
和声音	213
和声短音階	119
和声リズム	198

【英語】

BPM	136
CCCD	51
CGM	52
DAW	98
DJイング	39
FM音源方式	82
LPレコード	74
M.M.	136
MIDI	82
n次創作	55

―― 著者略歴 ――

大山　昌彦（おおやま　まさひこ）
1994 年　慶應義塾大学文学部史学科卒業
1997 年　金沢大学大学大学院教育学研究科修士課程修了（音楽教育専攻）
2000 年　東京工業大学大学院社会理工学研究科価値システム専攻単位取得退学
2000 年　東京工科大学専任講師
2010 年　東京工科大学准教授
　　　　現在に至る

伊藤　謙一郎（いとう　けんいちろう）
1989 年　尚美学園短期大学（現 尚美学園大学）音楽学科ピアノ専攻卒業
1994 年　国立音楽大学音楽学部作曲学科卒業
1994 年
～95 年　東京コンセルヴァトアール尚美（現 尚美ミュージックカレッジ専門学校）非常勤講師
2000 年
～07 年　上野学園大学短期大学部非常勤講師
2001 年　ソウル大学校音楽大学大学院音楽学科作曲専攻修士課程修了
2001 年　東京工科大学片柳研究所クリエイティブ・ラボ嘱託研究員
2003 年　東京工科大学専任講師
2006 年　東京工科大学助教授
2007 年　東京工科大学准教授
　　　　（2007 年～ 2013 年　国立音楽大学非常勤講師（併任））
　　　　現在に至る

吉岡　英樹（よしおか　ひでき）
1995 年　バークリー音楽院ミュージックシンセシス科卒業
1995 年　有限会社ウーロン舎勤務
1997 年　有限会社ウーロン舎退職
　　　　（1997 年～ 2002 年　フリーランス（作曲等）で活動）
2002 年　株式会社ミュージックエアポート勤務
2004 年　東京工科大学特任講師
2007 年　東京工科大学講師
　　　　現在に至る

ミュージックメディア

Music Media　　　　　　　　　　　　　Ⓒ Ohyama, Ito, Yoshioka 2016

2016 年 9 月 26 日　初版第 1 刷発行　　　　　　　　　　　　　★

|検印省略|

著　者　　大　山　昌　彦
　　　　　伊　藤　謙一郎
　　　　　吉　岡　英　樹
発行者　　株式会社　コロナ社
代表者　　牛来真也
印刷所　　萩原印刷株式会社

112-0011　東京都文京区千石 4-46-10
発行所　株式会社　コロナ社
CORONA PUBLISHING CO., LTD.
Tokyo Japan
振替 00140-8-14844・電話 (03) 3941-3131 (代)
ホームページ　http://www.coronasha.co.jp

ISBN 978-4-339-02789-1　　（森岡）　　（製本：愛千製本所）
Printed in Japan

本書のコピー，スキャン，デジタル化等の
無断複製・転載は著作権法上での例外を除
き禁じられております。購入者以外の第三
者による本書の電子データ化及び電子書籍
化は，いかなる場合も認めておりません。

落丁・乱丁本はお取替えいたします